GUIDA ALLA FORMAZIONE DEL PASTORE TEDESCO

Un manuale completo per allevare un cane ben educato, obbediente e leale

Bernard George Mandy

Copyright © 2024 di Bernard George Mandy

Tutti i diritti riservati. Nessuna parte di questa pubblicazione può essere riprodotta, distribuita o trasmessa in qualsiasi forma o con qualsiasi mezzo, comprese fotocopie, registrazioni o altri metodi elettronici o meccanici, senza il previo consenso scritto dell'editore, tranne nel caso di brevi citazioni incorporate nelle recensioni critiche e in alcuni altri usi non commerciali consentiti dalla legge sul copyright.

Sommario

INTRODUZIONE	**1**
CAPITOLO 1	**10**
Capire il tuo pastore tedesco	**10**
Storia e origini della razza pastore tedesco	10
Tratti comportamentali e caratteristiche dei pastori tedeschi	19
Esigenze di esercizio fisico e mentale	26
CAPITOLO 2	**36**
Preparazione per la formazione	**36**
Ambiente favorevole alla formazione a casa	36
Strumenti e attrezzature essenziali per la formazione	45
Stabilire un programma e una routine di allenamento	52
CAPITOLO 3	**62**
Addestramento di obbedienza di base	**62**
Insegnare i comandi di base	62
Tecniche di rinforzo positivo	69
Affrontare i problemi comuni di obbedienza	77
CAPITOLO 4	**86**
Abilità di socializzazione	**86**
Importanza della socializzazione per i pastori tedeschi	86
Socializzare con altri cani e animali domestici	93
Presentare il tuo pastore tedesco a nuove persone e ambienti	101
CAPITOLO 5	**110**
Tecniche di formazione avanzata	**110**

Insegnare comandi avanzati   110

Addestramento dei clicker e modellamento dei comportamenti   117

Risoluzione dei problemi attraverso esercizi di formazione   123

CAPITOLO 6   130
Modifica del comportamento   130

Comprendere e correggere i comportamenti indesiderati   130

Affrontare l'ansia da separazione   136

Tecniche per la gestione della paura e dell'aggressività   143

CAPITOLO 7   152
Formazione per attività specifiche   152

Allenamento di agilità per pastori tedeschi   152

Esercizi di monitoraggio e lavoro sul profumo   159

Sport e competizioni canine   166

CAPITOLO 8   174
Salute e benessere   174

Mantenere la salute fisica del tuo pastore tedesco attraverso l'esercizio   174

Consigli nutrizionali e dietetici per pastori tedeschi attivi   182

Pratiche di toelettatura e igiene   189

CAPITOLO 9   198
Costruire un legame forte   198

Rafforzare il legame attraverso attività di formazione   198

Comunicazione e comprensione del linguaggio del corpo del tuo cane   206

Incorporare il gioco e il divertimento nelle sessioni di allenamento   213

CAPITOLO 10   **222**

Considerazioni speciali per i pastori tedeschi 222

    Cconsiderazioni sulle diverse fasi della vita   222

    Formazione per ruoli lavorativi   227

    Mantenimento e rinforzo della formazione a lungo termine   233

CONCLUSIONE   **242**

INTRODUZIONE

La razza del pastore tedesco è una delle razze canine più riconosciute e ammirate al mondo. Originaria della Germania alla fine del XIX secolo, questa razza è stata sviluppata principalmente per l'allevamento e la custodia delle pecore. Max von Stephanitz, un ufficiale di cavalleria tedesco, è accreditato di aver perfezionato e promosso la razza. Mirava a creare un cane da lavoro versatile, sottolineando l'intelligenza, la forza e l'obbedienza. I pastori tedeschi guadagnarono rapidamente popolarità per le loro straordinarie capacità e presto divennero una razza preferita per vari ruoli, tra cui il lavoro di polizia, il servizio militare, la ricerca e salvataggio e l'assistenza alle persone con disabilità.

I pastori tedeschi sono cani di taglia medio-grande con un aspetto distinto. Hanno una corporatura forte e muscolosa, orecchie erette e una coda folta. Il loro mantello può essere di media lunghezza o lungo, tipicamente nero focato, sebbene si vedano anche altri colori come zibellino, tutto nero o tutto bianco. Una delle caratteristiche più sorprendenti dei pastori tedeschi è la loro espressione acuta e vigile, che riflette la loro intelligenza e curiosità. Questi cani sono noti per la loro lealtà e natura protettiva, spesso formando forti legami con le loro famiglie.

L'intelligenza dei pastori tedeschi li distingue da molte altre razze. Sono altamente addestrabili ed eccellono nell'apprendimento di nuovi compiti e comandi. Questa intelligenza, combinata con la loro forte etica del lavoro, li rende candidati ideali per vari ruoli che richiedono precisione e affidabilità. Tuttavia, la loro intelligenza significa anche che hanno bisogno di stimoli mentali per rimanere felici e in salute. Senza un adeguato impegno mentale, possono annoiarsi, portando a comportamenti distruttivi.

Un'altra caratteristica dei pastori tedeschi è il loro alto livello di energia. Questi cani sono stati allevati per essere attivi e laboriosi, quindi richiedono molto esercizio fisico per mantenersi in forma e contenti. L'esercizio fisico regolare li aiuta a bruciare energie e previene la noia, che può portare a comportamenti problematici. Attività come la corsa, l'escursionismo, il gioco del riporto e la pratica di sport per cani come le prove di agilità o di obbedienza sono ottimi modi per mantenere un pastore tedesco fisicamente attivo.

I pastori tedeschi sono naturalmente protettivi, il che li rende ottimi cani da guardia e da guardia. Sono istintivamente fedeli alle loro famiglie e faranno di tutto per proteggerle dalle minacce percepite. Sebbene questa natura protettiva sia benefica, significa anche che un'adeguata socializzazione è fondamentale fin dalla giovane età. La socializzazione implica l'esposizione del cane a varie persone, luoghi, suoni ed esperienze in modo positivo. Ciò aiuta a garantire che crescano ben adattati e fiduciosi, piuttosto che paurosi o aggressivi.

L'addestramento è un aspetto essenziale dell'allevamento di un pastore tedesco. Grazie alla loro intelligenza ed energia, questi cani prosperano imparando cose nuove e avendo un lavoro da svolgere. L'allenamento fornisce stimolazione mentale, che è importante quanto l'esercizio fisico per questa razza. Iniziare l'addestramento presto, preferibilmente quando il cane è un cucciolo, costituisce una solida base per un buon comportamento. L'addestramento di base all'obbedienza, che include comandi come sedersi, restare, venire e tallonare, è vitale per gestire il comportamento di un pastore tedesco e garantire che siano membri ben educati della famiglia e della comunità.

Il rinforzo positivo è il metodo di addestramento più efficace per i pastori tedeschi. Questo approccio prevede di premiare i comportamenti desiderati con dolcetti, lodi o giochi, che incoraggiano il cane a ripetere tali comportamenti. Il rinforzo positivo crea un forte legame tra cane e proprietario, favorendo la fiducia e la cooperazione. È importante essere coerenti con la formazione e utilizzare comandi chiari e concisi. La coerenza aiuta il cane a capire cosa ci si aspetta da lui e rafforza il buon comportamento.

Oltre all'obbedienza di base, i pastori tedeschi possono eccellere nell'addestramento avanzato e in compiti specializzati. Sono spesso utilizzati nel lavoro di polizia e militare grazie alla loro capacità di apprendere compiti complessi, seguire comandi sotto pressione e rimanere concentrati in ambienti difficili. Compiti come il monitoraggio, la ricerca e il salvataggio e il rilevamento di esplosivi o narcotici dimostrano le loro straordinarie capacità. Questi ruoli richiedono un addestramento rigoroso e un forte legame tra cane e conduttore.

Per le famiglie, addestrare un pastore tedesco ad essere un compagno educato implica stabilire confini chiari e fornire sessioni di formazione regolari. Questi cani rispondono bene alla struttura e alle routine, quindi incorporare l'addestramento nelle attività quotidiane è utile. Insegnare loro dei trucchi e coinvolgerli in giochi interattivi può anche mantenere la loro mente acuta e rafforzare il legame con i loro proprietari.

Una formazione adeguata aiuta anche ad affrontare e prevenire problemi comportamentali. I pastori tedeschi, come tutti i cani, possono sviluppare comportamenti indesiderati se non guidati correttamente. Problemi comuni come abbaiare eccessivo, scavare, masticare e saltare possono essere gestiti attraverso un addestramento e un reindirizzamento coerenti. Affrontare tempestivamente questi comportamenti è fondamentale per evitare che diventino abitudini radicate.

Oltre all'addestramento, i pastori tedeschi necessitano di una socializzazione regolare per tutta la vita. Esporli ad ambienti, persone e altri animali diversi aiuta a mantenere la loro fiducia e socievolezza. La socializzazione regolare impedisce loro di diventare eccessivamente protettivi o paurosi, garantendo che rimangano amichevoli e disponibili.

Allevare un pastore tedesco richiede dedizione, tempo e impegno, ma le ricompense sono immense. Questi cani sono compagni leali, intelligenti e protettivi che prosperano in interazioni e compiti significativi. Comprendendo i loro tratti unici e fornendo una formazione e una socializzazione adeguate, i proprietari possono garantire che i loro pastori tedeschi conducano una vita felice e appagante.

La ricca storia, i tratti distintivi e la versatilità della razza del pastore tedesco la rendono una scelta amata da molti appassionati di cani. La loro intelligenza ed energia richiedono impegno nell'allenamento e nell'esercizio, ma ne vale la pena. Un addestramento adeguato non solo sfrutta il loro potenziale, ma rafforza anche il legame tra cane e proprietario, creando un rapporto armonioso e appagante. Attraverso il rinforzo positivo, un addestramento costante e una socializzazione continua, i pastori tedeschi possono prosperare come membri della famiglia ben educati, leali e amorevoli.

CAPITOLO 1

Capire il tuo pastore tedesco

Storia e origini della razza pastore tedesco

La razza del pastore tedesco ha una storia affascinante che risale alla fine del XIX secolo. Questa razza è stata sviluppata in Germania, come suggerisce il nome, ed è stata allevata principalmente per allevare pecore e proteggere le greggi dai predatori. Il viaggio della razza per diventare una delle razze di cani più popolari e versatili al mondo è iniziato con un uomo di nome Max von Stephanitz.

Max von Stephanitz era un ufficiale di cavalleria tedesco che aveva un vivo interesse nello sviluppo del perfetto cane da lavoro. Credeva che un cane dovesse possedere sia intelligenza che utilità. Nel

1899, von Stephanitz partecipò a una mostra canina dove incontrò un cane di nome Hektor Linksrhein. Hektor impressionò von Stephanitz con il suo aspetto da lupo, la sua forza e la sua intelligenza. Riconoscendo il potenziale del cane, von Stephanitz acquistò Hektor e lo ribattezzò Horand von Grafrath. Horand divenne il primo pastore tedesco registrato e il fondamento della razza.

Nello stesso anno Von Stephanitz fondò la Verein für Deutsche Schäferhunde, ovvero la Società dei pastori tedeschi. Questa organizzazione stabilì gli standard per la razza e ne promosse lo sviluppo. Von Stephanitz mirava a creare una razza che eccellesse nella pastorizia, ma immaginava anche un cane che potesse svolgere vari compiti, tra cui lavoro di polizia, ricerca e salvataggio e ruoli militari.

I primi ruoli del pastore tedesco riguardavano principalmente l'allevamento e la protezione del bestiame. Questi cani erano apprezzati per la loro capacità di lavorare per lunghe ore, la loro intelligenza e la loro lealtà. Erano conosciuti per i loro sensi acuti e la forte etica del lavoro, che li rendevano ideali per pascolare le pecore e proteggerle dai predatori come i lupi. La versatilità e la capacità di addestramento della razza attirarono presto l'attenzione di persone al di fuori della comunità agricola.

All'inizio del XX secolo, il ruolo del pastore tedesco iniziò ad espandersi. L'intelligenza, la forza e l'obbedienza della razza lo hanno reso un candidato perfetto per vari ruoli lavorativi. I pastori tedeschi furono presto impiegati dalla polizia e dai militari in Germania e in altri paesi. Il loro acuto senso dell'olfatto, l'agilità e la capacità di apprendere compiti complessi li resero rapidamente preziosi in compiti come rintracciare criminali, individuare esplosivi e trasportare messaggi durante la guerra.

La reputazione della razza continuò a crescere e i pastori tedeschi furono presto riconosciuti per le loro eccezionali capacità in tutto il mondo. Durante la prima guerra mondiale, i pastori tedeschi servirono come cani da messaggero, cani da salvataggio e cani da guardia. Il loro coraggio e la loro lealtà di fronte al pericolo gli valsero una diffusa ammirazione. Dopo la guerra, molti soldati tornarono a casa con le storie degli incredibili pastori tedeschi che avevano incontrato, aumentando ulteriormente la popolarità della razza.

Uno dei pastori tedeschi più famosi di quest'epoca era Rin Tin Tin. Rin Tin Tin era un cucciolo trovato in un canile bombardato in Francia durante la prima guerra mondiale da un soldato americano di nome Lee Duncan. Duncan riportò il cucciolo negli Stati Uniti, dove Rin Tin Tin divenne una star di Hollywood. Il successo del cane nei film muti e successivamente nei film sonori portò alla ribalta la razza del pastore tedesco e contribuì alla sua popolarità in America.

Nel corso del XX secolo, il ruolo del pastore tedesco ha continuato ad evolversi. La razza divenne una scelta popolare per le famiglie come compagna leale e protettiva. I pastori tedeschi venivano usati anche come cani guida per i non vedenti, dimostrando la loro natura gentile e la capacità di svolgere ruoli di servizio. La versatilità della razza ha fatto sì che potesse adattarsi a vari ruoli e ambienti, dagli ambienti urbani alle fattorie rurali.

Anche le caratteristiche fisiche del pastore tedesco hanno contribuito al suo successo come cane da lavoro. Questi cani sono di taglia medio-grande, con i maschi che pesano tipicamente tra 65 e 90 libbre e le femmine che pesano tra 50 e 70 libbre. Hanno una corporatura forte e muscolosa e un aspetto distintivo, con orecchie erette, coda folta e doppio mantello che può essere di media lunghezza o lungo. Il colore del mantello più comune è il nero focato, ma si vedono anche altri colori come lo zibellino, tutto nero o tutto bianco.

I pastori tedeschi sono noti per la loro acuta intelligenza. Si classificano tra le razze di cani più intelligenti, capaci di apprendere e svolgere una vasta gamma di compiti. Questa intelligenza, combinata con la loro forte etica del lavoro e capacità di formazione, li rende ideali per ruoli che richiedono precisione e affidabilità. I pastori tedeschi imparano velocemente e prosperano grazie alla stimolazione mentale. Amano le sfide ed eccellono nelle attività che richiedono la risoluzione dei problemi e la rapidità di pensiero.

Oltre alla loro intelligenza, i pastori tedeschi sono noti per la loro lealtà e natura protettiva. Formano forti legami con le loro famiglie e sono naturalmente protettivi nei loro confronti. Questo istinto protettivo li rende ottimi cani da guardia, poiché faranno di tutto per difendere i loro cari dalle minacce percepite. Tuttavia, questa caratteristica significa anche che una corretta socializzazione è cruciale fin dalla giovane età. Far socializzare un pastore tedesco implica esporlo a varie persone, luoghi, suoni ed esperienze in modo positivo. Questo aiuta a garantire che crescano come cani ben adattati e fiduciosi, piuttosto che paurosi o aggressivi.

Gli alti livelli di energia del pastore tedesco sono un'altra caratteristica notevole. Questi cani sono stati allevati per essere attivi e laboriosi, quindi richiedono molto esercizio fisico per mantenersi in forma e contenti. L'esercizio fisico regolare li aiuta a bruciare energie e previene la noia, che può portare a comportamenti problematici. Attività come la corsa, l'escursionismo, il gioco del riporto e la pratica di sport per cani come le prove di agilità o di obbedienza sono ottimi modi per mantenere un pastore tedesco fisicamente attivo.

Nel corso degli anni il pastore tedesco ha continuato a eccellere in vari ruoli. Oltre al loro lavoro nelle forze dell'ordine e nell'esercito, vengono spesso utilizzati nelle operazioni di ricerca e salvataggio, nel rilevamento di narcotici e nell'assistenza alle persone con disabilità. La loro versatilità e adattabilità li rendono adatti a una vasta gamma di compiti, e la loro lealtà e dedizione li rendono amati compagni.

La popolarità della razza ha portato anche al suo coinvolgimento negli sport e nelle competizioni per cani. I pastori tedeschi eccellono in attività come prove di obbedienza, corsi di agilità e sport di protezione come Schutzhund, che mette alla prova le loro capacità di tracciamento, obbedienza e protezione. Queste attività forniscono stimolazione mentale e fisica e consentono ai pastori tedeschi di mostrare le proprie abilità in un ambiente controllato.

Nonostante i loro numerosi punti di forza, i pastori tedeschi necessitano di cure e addestramento adeguati per raggiungere il loro pieno potenziale. La socializzazione e l'addestramento precoci sono fondamentali per garantire che crescano fino a diventare cani ben educati e sicuri di sé. I metodi di rinforzo positivo, che implicano la ricompensa dei comportamenti desiderati con dolcetti, lodi o giochi, sono le tecniche di addestramento più efficaci per i pastori tedeschi. La coerenza e la pazienza sono fondamentali, poiché questi cani prosperano con una comunicazione e una struttura chiare.

La storia e le origini della razza del pastore tedesco sono ricche e varie. Dai loro inizi come cani da pastore in Germania fino al loro ruolo di cani da polizia, militari e di servizio, i pastori tedeschi hanno dimostrato di essere compagni intelligenti, leali e versatili. Le loro caratteristiche fisiche, l'intelligenza acuta e la natura protettiva li rendono ideali per una vasta gamma di compiti. Con la cura, l'addestramento e la socializzazione adeguati, i pastori tedeschi possono prosperare come membri leali e amorevoli della famiglia, mettendo in mostra le loro straordinarie capacità e arricchendo la vita di coloro che li circondano.

Tratti comportamentali e caratteristiche dei pastori tedeschi

I pastori tedeschi sono rinomati per i loro tratti e caratteristiche comportamentali unici, che li rendono una delle razze canine più amate e versatili al mondo. Questi tratti includono lealtà, intelligenza, istinti protettivi, alti livelli di energia e una forte etica del lavoro. Comprendere queste caratteristiche può aiutarti a prenderti cura e ad addestrare meglio un pastore tedesco, assicurandoti che conduca una vita felice e appagante.

Uno dei tratti più distintivi dei pastori tedeschi è la loro lealtà. Questi cani formano forti legami con le loro famiglie e sono noti per la loro incrollabile devozione. Vivono grazie alla compagnia umana e spesso si affezionano molto ai loro proprietari. Questa lealtà significa che i pastori tedeschi sono sempre desiderosi di compiacere e faranno di tutto per proteggere e sostenere i loro familiari. Sono ottimi animali domestici per la famiglia perché sono affidabili e risoluti nella loro dedizione.

L'intelligenza è un'altra caratteristica importante dei pastori tedeschi. Sono considerati una delle razze di cani più intelligenti, capaci di apprendere rapidamente nuovi comandi e compiti. Questa intelligenza li rende altamente addestrabili e adatti a una varietà di ruoli, dal lavoro come cani poliziotti e militari alla partecipazione a sport per cani e al servizio come animali di servizio. I pastori tedeschi amano le sfide mentali e prosperano in ambienti in cui possono usare il cervello. Le sessioni di formazione che incorporano attività di risoluzione dei problemi e giochi interattivi sono particolarmente utili per mantenere la mente acuta e impegnata.

I pastori tedeschi hanno anche un forte istinto protettivo. Sono naturalmente diffidenti nei confronti degli estranei e spesso saranno in allerta rispetto a potenziali minacce. Questa natura protettiva li rende ottimi cani da guardia, poiché proteggeranno istintivamente la loro casa e la famiglia dagli intrusi. Tuttavia, questa caratteristica richiede anche un'adeguata socializzazione fin dalla giovane età per garantire che non diventino eccessivamente aggressivi o paurosi. Presentare i pastori tedeschi a varie persone, luoghi ed esperienze in modo positivo e controllato li aiuta a diventare cani ben adattati e sicuri di sé.

Gli alti livelli di energia sono un segno distintivo della razza del pastore tedesco. Questi cani sono stati allevati per essere attivi e laboriosi, quindi richiedono molto esercizio fisico per rimanere sani e felici. Attività regolari come correre, fare escursioni, giocare a prendere e partecipare a sport per cani sono essenziali per mantenere un pastore tedesco in forma e contento. Senza un adeguato esercizio fisico, potrebbero annoiarsi e sviluppare comportamenti distruttivi, come masticare o scavare. Garantire che abbiano molte opportunità per bruciare energia è fondamentale per il loro benessere generale.

La forte etica del lavoro dei pastori tedeschi è un'altra caratteristica notevole. Questi cani sono più felici quando hanno un lavoro da svolgere, che si tratti di allevare bestiame, eseguire missioni di ricerca e salvataggio o semplicemente imparare nuovi trucchi a casa. Sono incredibilmente concentrati e dedicati, spesso eccellono in compiti che richiedono precisione e affidabilità. Questa etica del lavoro, combinata con la loro intelligenza e capacità di formazione, li rende candidati ideali per vari ruoli e attività lavorative.

I pastori tedeschi sono noti anche per la loro versatilità. Possono adattarsi a una vasta gamma di ambienti e compiti, rendendoli adatti a diversi stili di vita e lavori. Sia che vivano in un appartamento urbano o in una fattoria rurale, i pastori tedeschi possono prosperare purché i loro bisogni fisici e mentali siano soddisfatti. La loro adattabilità significa che possono passare facilmente dall'essere un animale domestico di famiglia a un cane da lavoro o un concorrente negli sport per cani.

Un altro aspetto importante dei pastori tedeschi è la loro natura sociale. Sebbene siano protettivi e talvolta distanti con gli estranei, sono generalmente amichevoli e affettuosi con le loro famiglie. Amano passare il tempo con i loro compagni umani e spesso stringono stretti legami con tutti i membri della famiglia. L'interazione regolare e il tempo di gioco con i loro proprietari sono essenziali per mantenerli felici ed emotivamente equilibrati.

I pastori tedeschi sono anche noti per il loro coraggio e il loro coraggio. Sono impavidi di fronte alle sfide e vengono spesso utilizzati in ruoli che richiedono loro di affrontare situazioni pericolose. Questo coraggio li rende ottimi candidati per il lavoro di polizia e militare, dove sono addestrati a gestire scenari ad alta pressione e ad aiutare a mantenere le persone al sicuro. Il loro coraggio, combinato con il loro istinto protettivo, li rende partner affidabili in vari ruoli di protezione e salvataggio.

Nonostante i loro numerosi punti di forza, i pastori tedeschi a volte possono essere soggetti a determinati problemi comportamentali se non adeguatamente addestrati e socializzati. Un problema comune è l'ansia da separazione, che si verifica quando un cane si affeziona eccessivamente al proprietario e prova angoscia quando viene lasciato solo. Ciò può portare a comportamenti distruttivi, come masticare o abbaiare eccessivamente. Per prevenire l'ansia da separazione, è importante abituare gradualmente i pastori tedeschi alla solitudine e fornire loro molti stimoli mentali e fisici quando sono da soli.

Un altro potenziale problema è l'aggressività verso altri cani o animali. Sebbene i pastori tedeschi siano generalmente socievoli, la loro natura protettiva a volte può portare a comportamenti aggressivi se percepiscono una minaccia. Una socializzazione e un addestramento adeguati fin dalla giovane età possono aiutare a mitigare questo problema, insegnando loro a interagire con calma e sicurezza con gli altri animali.

I pastori tedeschi possono anche mostrare comportamenti come abbaiare o masticare eccessivamente, soprattutto se sono annoiati o non fanno abbastanza esercizio. Questi comportamenti possono essere gestiti attraverso un addestramento costante, un esercizio fisico regolare e fornendo loro molti giocattoli e attività per tenerli occupati. Le sessioni di allenamento incentrate sull'obbedienza e sul controllo degli impulsi possono aiutare a ridurre i comportamenti indesiderati e rafforzare quelli positivi.

Anche la toelettatura e l'igiene sono aspetti importanti nella cura di un pastore tedesco. Hanno un doppio mantello che perde tutto l'anno, con uno spargimento più abbondante durante la primavera e l'autunno. La spazzolatura regolare aiuta a gestire la muta e mantiene il pelo sano. Inoltre, le cure dentistiche di routine, il taglio delle unghie e la pulizia delle orecchie sono essenziali per mantenere la salute e il benessere generale.

I pastori tedeschi sono una razza straordinaria con un insieme unico di tratti e caratteristiche comportamentali. La loro lealtà, intelligenza, istinto protettivo, alti livelli di energia e una forte etica del lavoro li rendono compagni versatili e preziosi. Comprendere questi tratti e fornire cure, formazione e socializzazione adeguate sono fondamentali per garantire che i pastori tedeschi conducano una vita felice e appagante. Con la giusta guida e supporto, questi cani possono eccellere in vari ruoli e portare immensa gioia e compagnia alle loro famiglie.

Esigenze di esercizio fisico e mentale

I pastori tedeschi sono una razza molto attiva e intelligente che richiede esercizio sia fisico che mentale per rimanere sano e felice. Soddisfare le loro esigenze di esercizio fisico è essenziale per prevenire la noia, ridurre i problemi comportamentali e mantenere il loro benessere generale. Comprendere i requisiti specifici per la stimolazione fisica e mentale ti aiuterà a fornire le migliori cure al tuo pastore tedesco.

L'esercizio fisico è un aspetto cruciale della routine quotidiana di un pastore tedesco. Questi cani sono stati allevati per essere attivi e laboriosi, quindi hanno alti livelli di energia che devono essere gestiti. Senza un'adeguata attività fisica, possono diventare irrequieti, ansiosi e persino distruttivi. Per mantenere un pastore tedesco fisicamente in forma è necessario un esercizio fisico regolare. Ciò include attività come camminare, correre, fare escursioni e giocare a prendere. Idealmente, un pastore tedesco dovrebbe fare almeno una o due ore di esercizio ogni giorno. Questo può essere suddiviso in più sessioni per mantenerli impegnati ed evitare che diventino troppo stanchi o sovrastimolati.

Camminare è uno dei modi più semplici ed efficaci per fornire esercizio fisico al tuo pastore tedesco. Le passeggiate quotidiane aiutano a bruciare l'energia in eccesso, stimolano i sensi e offrono un'opportunità di socializzazione. Le passeggiate dovrebbero variare nel percorso e nella durata per mantenere le cose interessanti per il tuo cane. Inoltre, incorporare una camminata veloce o il jogging può aiutare a soddisfare il bisogno di un'attività fisica più intensa.

La corsa è un altro ottimo modo per esercitare un pastore tedesco. Questi cani hanno la resistenza e la velocità per tenere il passo con i loro proprietari durante una corsa o una corsa. Correre accanto al tuo cane gli consente di bruciare rapidamente le energie e aiuta a rafforzare i muscoli e il sistema cardiovascolare. Tuttavia, è importante assicurarsi che il cane sia in buona salute e aumentare gradualmente la resistenza nella corsa per prevenire infortuni.

L'escursionismo offre una fantastica combinazione di esercizio fisico e stimolazione mentale. Esplorare nuovi sentieri, navigare su terreni diversi e incontrare vari luoghi e odori può essere molto coinvolgente per un pastore tedesco. L'escursionismo consente anche periodi più lunghi di esercizio prolungato, il che è benefico per la forma fisica generale. Assicurati di portare molta acqua e di fare le pause necessarie per mantenere il tuo cane idratato e a suo agio.

Giocare al riporto è un modo divertente e interattivo per esercitare un pastore tedesco. Questa attività coinvolge il loro istinto naturale di inseguire e recuperare, fornendo stimolazione sia fisica che mentale. Usando una palla o un frisbee, puoi giocare a prendere in un cortile, in un parco o in un campo aperto. L'azione ripetitiva di correre, prendere e restituire l'oggetto aiuta a bruciare energia e a migliorare l'agilità e la coordinazione.

Oltre all'esercizio fisico, per i pastori tedeschi è altrettanto importante la stimolazione mentale. La loro elevata intelligenza significa che hanno bisogno di attività che mettano alla prova la loro mente e prevengano la noia. La stimolazione mentale può presentarsi in varie forme, comprese sessioni di allenamento, giocattoli puzzle e giochi interattivi.

Le sessioni di allenamento sono un modo eccellente per fornire esercizio mentale al tuo pastore tedesco. Questi cani prosperano imparando nuovi comandi e compiti e l'addestramento aiuta a mantenere la mente acuta. Insegnare loro comandi di obbedienza di base, trucchi e abilità avanzate coinvolge le loro capacità cognitive e rafforza i comportamenti positivi. Le sessioni di addestramento dovrebbero essere brevi e varie per mantenere il tuo cane interessato e motivato.

I giocattoli puzzle sono un altro strumento efficace per la stimolazione mentale. Questi giocattoli sono progettati per mettere alla prova le capacità di risoluzione dei problemi del tuo cane e intrattenerlo. I giocattoli puzzle spesso comportano il nascondere dolcetti o crocchette all'interno di scomparti che il tuo cane deve capire come aprire. Ciò coinvolge il loro cervello e fornisce un'esperienza gratificante. Ruotare diversi giocattoli puzzle può mantenere la sfida fresca ed emozionante per il tuo cane.

I giochi interattivi, come il nascondino o il lavoro con l'olfatto, possono anche fornire esercizio mentale ai pastori tedeschi. Nascondere e cercare implica nascondere dolcetti o giocattoli in casa o in giardino e incoraggiare il cane a trovarli. Questo gioco sfrutta il loro naturale istinto di caccia e fornisce un modo divertente per stimolare la loro mente. Il lavoro sull'olfatto implica insegnare al tuo cane a usare il naso per individuare odori specifici. Questo può essere fatto nascondendo oggetti profumati e premiando il tuo cane per averli trovati. Il lavoro sui profumi coinvolge i loro sensi olfattivi e fornisce un'attività che arricchisce la mente.

Incorporare l'addestramento all'obbedienza e gli sport per cani nella routine del tuo pastore tedesco può anche fornire esercizio sia fisico che mentale. Gli sport per cani come l'agilità, le prove di obbedienza e gli sport di protezione come lo Schutzhund sono ottimi sbocchi per la loro energia e intelligenza. I corsi di agilità implicano la navigazione in ostacoli come salti, tunnel e pali intrecciati, che mettono alla prova le loro capacità fisiche e capacità di risoluzione dei problemi. Le prove di obbedienza mettono alla prova la loro capacità di seguire i comandi in modo accurato e di eseguire vari compiti. Gli sport di protezione implicano attività come il tracciamento, l'obbedienza e il lavoro di protezione, che sfruttano i loro istinti naturali e forniscono un ambiente strutturato per le loro capacità.

La socializzazione è un altro aspetto importante dell'esercizio mentale di un pastore tedesco. Esporre il tuo cane a persone, animali e ambienti diversi lo aiuta a sviluppare sicurezza e riduce la probabilità di comportamenti basati sulla paura. Opportunità di socializzazione regolari, come visite al parco per cani, incontri di gioco con altri cani e gite in luoghi in cui sono ammessi gli animali, forniscono stimolazione mentale e migliorano le loro abilità sociali.

È importante notare che l'esercizio eccessivo di un pastore tedesco, soprattutto quando è giovane, può essere dannoso per le articolazioni e le ossa in via di sviluppo. I cuccioli dovrebbero avere sessioni di esercizio più brevi e più frequenti ed evitare attività ad alto impatto finché non saranno completamente cresciuti. Aumentare gradualmente l'intensità e la durata dell'esercizio man mano che maturano aiuta a prevenire gli infortuni e garantisce la loro salute a lungo termine.

I pastori tedeschi hanno esigenze specifiche di esercizio fisico e mentale che devono essere soddisfatte per mantenerli sani e felici. L'esercizio fisico regolare, come camminare, correre, fare escursioni e giocare a prendere, aiuta a bruciare energia e mantenere la forma fisica. La stimolazione mentale, attraverso sessioni di allenamento, puzzle e giochi interattivi, mantiene la mente acuta e previene la noia. Incorporare l'addestramento all'obbedienza, gli sport per cani e le opportunità di socializzazione fornisce un approccio completo alle loro esigenze di esercizio complessive. Soddisfacendo questi requisiti, puoi garantire che il tuo pastore tedesco conduca una vita appagante e arricchita.

CAPITOLO 2

Preparazione per la formazione

Ambiente favorevole alla formazione a casa

Creare un ambiente di addestramento favorevole a casa è essenziale per addestrare con successo il tuo pastore tedesco. Un ambiente ben preparato aiuta il tuo cane a concentrarsi, riduce le distrazioni e garantisce la sua sicurezza durante le sessioni di addestramento. Tenendo conto di alcuni fattori chiave, puoi creare uno spazio ottimale che promuova l'apprendimento e comportamenti positivi.

Innanzitutto, considera lo spazio in cui condurrai le sessioni di formazione. Dovrebbe essere un'area tranquilla e silenziosa con abbastanza spazio perché il tuo cane possa muoversi comodamente. Se possibile, scegli un luogo con traffico pedonale e rumore minimi. Ciò aiuterà il tuo pastore tedesco a concentrarsi sui compiti da svolgere senza essere distratto da altre attività domestiche. Un soggiorno, un cortile o una sala dedicata alla formazione possono funzionare bene purché siano liberi da interruzioni non necessarie.

Anche la dimensione dell'area di allenamento è importante. I pastori tedeschi sono cani di taglia medio-grande, quindi hanno bisogno di ampio spazio per muoversi, soprattutto per attività che prevedono la corsa, il salto o la pratica di comandi come "seduto", "resta" e "vieni". Assicurati che lo spazio consenta al tuo cane di eseguire queste azioni senza sentirsi angusto. Se utilizzi uno spazio interno, eliminare i mobili e altri ostacoli può contribuire a creare un ambiente più aperto.

Le distrazioni possono ostacolare la capacità di concentrazione del tuo cane durante l'addestramento. Per ridurre al minimo le distrazioni, rimuovi eventuali giocattoli, cibo o oggetti che potrebbero distogliere l'attenzione del tuo cane da te. Se in casa sono presenti altri animali domestici o bambini, considera di tenerli in un'area diversa durante le sessioni di allenamento per mantenere l'ambiente calmo e concentrato. Può essere utile informare i familiari del programma di allenamento in modo che possano evitare di interrompere o creare rumore in quei momenti.

La sicurezza è una considerazione cruciale quando si imposta un ambiente di formazione. Assicurati che l'area sia priva di pericoli che potrebbero danneggiare il tuo cane. Controlla la presenza di oggetti appuntiti, fili sciolti o piccoli oggetti che il tuo cane potrebbe masticare o ingoiare. Se ti alleni all'aperto, assicurati che il cortile sia recintato in modo sicuro per evitare che il tuo cane si allontani o incontri potenziali pericoli. Inoltre, tenere a portata di mano un kit di pronto soccorso in caso di lievi infortuni durante l'allenamento.

Il comfort è un altro aspetto importante di un ambiente di allenamento favorevole. Assicurati che lo spazio sia confortevole sia per te che per il tuo cane. Se ti alleni al chiuso, assicurati che la temperatura sia adeguata, né troppo calda né troppo fredda. Fornisci al tuo cane un comodo materassino o cuccia su cui riposare durante le pause. Se ti alleni all'aperto, fai attenzione alle condizioni meteorologiche e adatta il programma di allenamento di conseguenza. Ad esempio, evita l'addestramento in condizioni di caldo o freddo estremi e fornisci ombra e acqua per mantenere il tuo cane a suo agio.

Creare una routine può anche aiutare a creare un ambiente di allenamento favorevole. I cani prosperano grazie alla coerenza, quindi avere un programma di allenamento regolare può fare una differenza significativa. Riserva orari specifici ogni giorno per le sessioni di allenamento e rispettali il più possibile. Questo aiuta il tuo cane a capire quando è il momento di concentrarsi e imparare. Mantieni le sessioni brevi e coinvolgenti, circa 10-15 minuti ciascuna, per evitare che il tuo cane si annoi o si affatichi. Più sessioni brevi durante la giornata possono essere più efficaci di una sessione lunga.

Il rinforzo positivo è una componente chiave di una formazione di successo e inizia con l'ambiente di formazione. Assicurati di avere un sacco di dolcetti, giocattoli e lodi pronti per premiare il tuo cane per un buon comportamento. Il rinforzo positivo incoraggia il tuo pastore tedesco a ripetere i comportamenti desiderati e crea un forte legame tra te e il tuo cane. Usa dolcetti di alto valore che il tuo cane ama e varia i premi per mantenere le cose interessanti. Anche la lode e l'affetto sono potenti motivatori, quindi assicurati di usarli generosamente.

Un altro fattore importante è il tuo atteggiamento e il tuo approccio durante l'allenamento. I cani sono molto in sintonia con le emozioni e il linguaggio del corpo del loro proprietario. Mantieni la calma, la pazienza e l'atteggiamento positivo durante le sessioni di allenamento. Evita di sentirti frustrato o arrabbiato se il tuo cane non capisce subito un comando. Invece, fai un passo indietro, rivaluta la situazione e prova un approccio diverso. Il tuo cane risponderà meglio a un ambiente positivo e incoraggiante.

Per creare un ambiente di formazione ottimale, prendere in considerazione l'integrazione di strumenti e attrezzature di formazione che possano aiutare nel processo di apprendimento. Ad esempio, l'utilizzo di un clicker può aiutare a contrassegnare i comportamenti desiderati in modo preciso e coerente. Un clicker è un piccolo dispositivo che emette un suono distinto quando viene premuto, segnalando al tuo cane che ha eseguito un'azione corretta e riceverà una ricompensa. Ciò può essere particolarmente utile per insegnare nuovi comandi e modellare comportamenti.

Guinzagli e pettorine sono anche importanti strumenti di allenamento, soprattutto per insegnare comandi come "piede" e "resta". Un'imbracatura ben adattata offre un migliore controllo sul cane e riduce il rischio di lesioni rispetto a un collare. Usa un guinzaglio robusto che ti permetta di mantenere il controllo dando al tuo cane una certa libertà di movimento.

Tappetini da allenamento o aree designate possono aiutare a creare un ambiente strutturato. Un tappetino da addestramento può fungere da punto specifico in cui il tuo cane può sedersi o sdraiarsi durante determinati comandi. Questo aiuta a stabilire i confini e fornisce un chiaro segnale visivo per il tuo cane. Col tempo, il tuo cane imparerà ad associare il tappetino all'addestramento e a focalizzare la sua attenzione quando ci si trova sopra.

Incorporare la varietà nel tuo ambiente di addestramento può mantenere il tuo cane impegnato e prevenire la noia. Cambia occasionalmente il luogo delle tue sessioni di addestramento per esporre il tuo cane ad ambienti e distrazioni diversi. Ciò aiuta a generalizzare i comandi e i comportamenti che stanno imparando, garantendo che possano eseguirli in vari contesti. Ad esempio, esercitati nei comandi in soggiorno, in giardino e durante le passeggiate nel vicinato.

Coinvolgere tutta la famiglia nel processo di formazione può anche migliorare l'ambiente. La coerenza è fondamentale, quindi assicurati che tutti i membri della famiglia utilizzino gli stessi comandi e tecniche di addestramento. Ciò impedisce confusione al tuo cane e rafforza il processo di apprendimento. Incoraggia tutti a partecipare alle sessioni di addestramento e premia il tuo cane per il buon comportamento. Ciò non solo rafforza il legame tra il tuo cane e la famiglia, ma garantisce anche che il tuo cane risponda bene a persone diverse.

Sii consapevole delle esigenze e delle preferenze individuali del tuo cane quando crei un ambiente di addestramento. Ogni cane è unico e ciò che funziona per uno potrebbe non funzionare per un altro. Presta attenzione al linguaggio del corpo del tuo cane e adatta l'ambiente di conseguenza. Alcuni cani potrebbero essere più sensibili al rumore o alle distrazioni, mentre altri potrebbero aver bisogno di più spazio fisico per sentirsi a proprio agio. Adattare l'ambiente di addestramento alle esigenze specifiche del tuo cane contribuirà a creare un'esperienza di apprendimento positiva ed efficace.

Creare un ambiente favorevole alla formazione a casa implica considerare fattori quali spazio, distrazioni, sicurezza, comfort, routine, rinforzo positivo, strumenti di formazione, varietà, coinvolgimento della famiglia e bisogni individuali. Creando un ambiente ottimale, puoi migliorare il processo di addestramento e aiutare il tuo pastore tedesco a imparare e prosperare. Con la giusta preparazione e il giusto approccio, le sessioni di addestramento possono diventare divertenti e produttive sia per te che per il tuo cane, creando un compagno ben educato e felice.

Strumenti e attrezzature essenziali per la formazione

Un addestramento efficace di un pastore tedesco richiede gli strumenti e le attrezzature giuste per facilitare l'apprendimento, la comunicazione e la sicurezza. Questi strumenti non solo aiutano a insegnare comandi e comportamenti, ma promuovono anche un'esperienza di addestramento positiva sia per te che per il tuo cane. Ecco una panoramica degli strumenti e delle attrezzature di addestramento essenziali che sono utili per addestrare il tuo pastore tedesco.

Innanzitutto, un guinzaglio e un'imbracatura robusti sono strumenti essenziali per addestrare e controllare il tuo pastore tedesco. Un guinzaglio ti fornisce il controllo fisico sul tuo cane durante le passeggiate, le sessioni di allenamento e le uscite. Ti permette di guidare i movimenti del tuo cane ed evitare che scappi o si trovi in situazioni potenzialmente pericolose. Un'imbracatura, in particolare un'imbracatura ben adattata, distribuisce la pressione in modo più uniforme sul corpo del cane rispetto a un collare, che può ridurre la tensione sul collo e sulla gola. Ciò è particolarmente importante per le razze grandi e forti come i pastori tedeschi.

I dolcetti da allenamento sono un altro strumento cruciale per motivare e premiare il tuo pastore tedesco durante le sessioni di allenamento. I dolcetti servono come rinforzo positivo per un buon comportamento e aiutano a rafforzare le azioni desiderate. Scegli dolcetti piccoli, morbidi e altamente appetibili per garantire che il tuo cane rimanga motivato e concentrato durante l'addestramento. Puoi usare dolcetti commerciali per cani o preparare dolcetti fatti in casa utilizzando ingredienti sicuri e salutari per i cani.

Un clicker è un utile ausilio alla formazione che aiuta a contrassegnare i comportamenti desiderati con un suono distinto. Il clicker funge da indicatore preciso e coerente per segnalare al tuo cane che ha eseguito un'azione corretta e riceverà una ricompensa. Questa tecnica, nota come addestramento con clicker, aiuta a rafforzare l'associazione tra il comportamento desiderato e la ricompensa, rendendo l'apprendimento più efficace ed efficiente per il tuo pastore tedesco. I clicker sono particolarmente efficaci per insegnare nuovi comandi, modellare comportamenti e migliorare i tempi durante le sessioni di allenamento.

I giocattoli da addestramento possono anche essere strumenti preziosi per coinvolgere il tuo pastore tedesco durante l'addestramento e fornire stimolazione mentale. I giocattoli interattivi, come i puzzle o i giocattoli che distribuiscono dolcetti, incoraggiano il tuo cane a risolvere i problemi e a intrattenerlo. Questi giocattoli possono essere utilizzati per premiare il tuo cane per aver completato i compiti o come distrazione durante gli esercizi di toelettatura o di manipolazione. Scegli giocattoli che siano durevoli, sicuri e adatti alla taglia e alle abitudini di masticazione del tuo cane.

Un tappetino o un'area di allenamento designata può aiutare a creare un ambiente strutturato per insegnare comandi e comportamenti. Un tappetino da addestramento funge da segnale visivo su cui il tuo cane può concentrarsi durante le sessioni di addestramento. Fornisce un punto designato in cui il tuo cane può sedersi, sdraiarsi o restare mentre esercita comandi come "seduto", "resta" o "giù". L'uso di un tappetino da allenamento aiuta a stabilire i confini e favorisce la concentrazione durante le sessioni di allenamento. Col tempo, il tuo cane imparerà ad associare il tappetino all'addestramento e a capire cosa ci si aspetta da lui quando ci si trova sopra.

Gli strumenti per la toelettatura, come spazzole e tagliaunghie, sono importanti per mantenere l'aspetto fisico e la salute del tuo pastore tedesco. Sessioni regolari di adescamento possono essere utilizzate come opportunità per rafforzare comportamenti positivi e praticare esercizi di gestione. Utilizza strumenti di toelettatura adatti al tipo e alla lunghezza del pelo del tuo cane per mantenerlo pulito, lucido e privo di stuoie o grovigli. Premia il tuo cane con dolcetti e lodi durante le sessioni di toelettatura per rendere l'esperienza positiva e piacevole per lui.

Gli ausili per l'addestramento, come bastoncini bersaglio o attrezzature per l'agilità, possono essere utilizzati per insegnare comportamenti o abilità specifici al tuo pastore tedesco. Un bastoncino bersaglio è uno strumento con un piccolo bastoncino portatile a un'estremità e un bersaglio, come una palla o un pezzo di nastro adesivo, all'altra estremità. Puoi utilizzare il bastoncino bersaglio per guidare i movimenti del tuo cane e incoraggiarlo a toccare o seguire il bersaglio. Questa tecnica è particolarmente utile per insegnare comandi come "piede" o "porta" e per migliorare la coordinazione e la concentrazione del tuo cane.

Un fischio di addestramento o un segnale verbale possono aiutare a rafforzare i comandi e comunicare con il tuo pastore tedesco a distanza. Un fischio produce un suono distinto che può essere udito a lunghe distanze, rendendolo utile per l'addestramento al richiamo o per dirigere il cane durante le attività all'aperto. I segnali verbali, come "siediti", "resta" o "vieni", dovrebbero essere chiari, coerenti e abbinati a un segnale o un gesto con la mano per rafforzare visivamente il comando. Usa rinforzi positivi, come dolcetti o lodi, quando il tuo cane risponde correttamente ai segnali verbali per rafforzare la sua comprensione e conformità.

L'attrezzatura di sicurezza, come una gabbia o un cancelletto, può essere utilizzata per creare un ambiente sicuro per il tuo pastore tedesco durante l'addestramento e quando non sei in grado di supervisionarlo. Un trasportino offre uno spazio simile a una tana in cui il tuo cane può rilassarsi e sentirsi sicuro, rendendolo utile per l'addestramento domestico, prevenendo comportamenti distruttivi e gestendo l'ansia da separazione. Scegli un trasportino abbastanza grande da consentire al tuo cane di alzarsi, girarsi e sdraiarsi comodamente. Usa rinforzi positivi, come dolcetti o giocattoli, per incoraggiare il tuo cane a entrare e rimanere volentieri nel trasportino.

Gli strumenti e le attrezzature giusti sono essenziali per un addestramento efficace del tuo pastore tedesco. Utilizzando strumenti come guinzaglio e imbracatura, dolcetti da addestramento, clicker, giocattoli da addestramento, tappetino da addestramento, strumenti per la toelettatura, bastoncino bersaglio, fischietto da addestramento, segnali verbali e attrezzature di sicurezza, puoi creare un ambiente di addestramento positivo e strutturato. Questi strumenti aiutano a facilitare l'apprendimento, a rafforzare i comportamenti desiderati e a promuovere un forte legame tra te e il tuo pastore tedesco. Con pazienza, costanza e rinforzo positivo, puoi aiutare il tuo cane a imparare nuovi comandi, migliorare la sua obbedienza e diventare un compagno ben educato e felice.

Stabilire un programma e una routine di allenamento

Stabilire un programma e una routine di allenamento è fondamentale per addestrare efficacemente il tuo pastore tedesco. Un programma strutturato non solo aiuta il tuo cane a capire cosa ci si aspetta da lui, ma si adatta anche perfettamente alla tua vita quotidiana, garantendo coerenza e massimizzando l'apprendimento. Sviluppando una routine di allenamento equilibrata e regolare, puoi aiutare il tuo pastore tedesco a prosperare e diventare un compagno ben educato.

Uno dei primi passi nella creazione di un programma di allenamento è identificare gli orari migliori per le sessioni di allenamento. La coerenza è fondamentale, quindi cerca di scegliere orari che si adattino naturalmente alla tua routine quotidiana. Potrebbe essere la mattina presto prima del lavoro o della scuola, nel pomeriggio durante una pausa o la sera dopo cena. Selezionare orari coerenti ogni giorno aiuta il tuo cane ad anticipare e prepararsi per le sessioni di addestramento, rendendolo più ricettivo e concentrato.

Le sessioni di addestramento dovrebbero essere brevi e coinvolgenti per mantenere vivo l'interesse del tuo cane e prevenire l'affaticamento. Per i pastori tedeschi, le sessioni della durata compresa tra 10 e 15 minuti sono l'ideale. Sessioni brevi e frequenti durante la giornata sono più efficaci di una sessione lunga. Questo approccio impedisce al tuo cane di annoiarsi o sopraffarsi e gli consente di conservare meglio le informazioni. Puoi puntare a tre o quattro sessioni brevi distribuite nell'arco della giornata, a seconda del tuo programma.

Incorporare l'allenamento nelle tue attività quotidiane può anche rendere più semplice stabilire una routine. Ad esempio, puoi esercitarti con comandi come "seduto" o "resta" mentre prepari i pasti, ti prepari per una passeggiata o durante il gioco. Ciò non solo rafforza l'addestramento in vari contesti, ma lo rende anche una parte naturale della giornata del tuo cane. Utilizzare le situazioni quotidiane per l'addestramento aiuta il tuo cane a imparare a rispondere ai comandi in diversi ambienti e scenari, aumentandone l'obbedienza e l'affidabilità complessive.

Pianificare in anticipo e stabilire obiettivi di formazione specifici può aiutare a mantenere le sessioni concentrate e produttive. Determina su quali comandi o comportamenti vuoi lavorare ogni settimana e crea un piano su come raggiungerai questi obiettivi. Ad esempio, durante le prime settimane potresti concentrarti su comandi di obbedienza di base come "seduto", "resta" e "vieni", per poi passare gradualmente a comandi più avanzati o comportamenti specifici come l'addestramento al guinzaglio o la socializzazione. Avere obiettivi chiari ti consente di monitorare i progressi e adattare i tuoi metodi di allenamento secondo necessità.

Il rinforzo positivo è un aspetto fondamentale di un allenamento efficace e dovrebbe essere incorporato in ogni sessione. Premia il tuo pastore tedesco con dolcetti, lodi o momenti di gioco ogni volta che esegue il comportamento desiderato o segue correttamente un comando. Il rinforzo positivo incoraggia il tuo cane a ripetere il comportamento e rafforza il legame tra voi. Assicurati di variare le ricompense per mantenere il tuo cane motivato e impegnato. Dolcetti di alto valore, giocattoli preferiti e lodi entusiastiche sono tutti ottimi modi per premiare il tuo cane.

La coerenza nei comandi e nei segnali è essenziale per un addestramento di successo. Usa le stesse parole e segnali manuali per ogni comando per evitare di confondere il tuo cane. Ad esempio, se usi la parola "seduto" per far sedere il tuo cane, non passare a "giù" o "seduto". La coerenza aiuta il tuo cane a comprendere e ricordare i comandi più facilmente. Coinvolgere tutti i membri della famiglia nel processo di formazione per garantire che tutti utilizzino gli stessi comandi e tecniche. Questa coerenza rafforza l'apprendimento e aiuta il tuo pastore tedesco a rispondere in modo affidabile a persone diverse.

Oltre alle sessioni di allenamento strutturate, è importante fornire esercizio mentale e fisico al tuo pastore tedesco. Incorpora attività come passeggiate, giochi e puzzle nella tua routine quotidiana per mantenere il tuo cane mentalmente stimolato e fisicamente attivo. I pastori tedeschi sono cani intelligenti ed energici che richiedono esercizio fisico regolare per rimanere sani e felici.

Un cane stanco ha maggiori probabilità di essere concentrato e reattivo durante le sessioni di addestramento. Attività come il recupero, gli esercizi di agilità e quelli di obbedienza possono far parte della routine di allenamento del tuo cane.

La socializzazione è un'altra componente cruciale dell'addestramento del tuo pastore tedesco. Esporre il tuo cane a persone, animali e ambienti diversi lo aiuta a sviluppare sicurezza e buon comportamento in varie situazioni. Pianifica uscite regolari nei parchi, nei negozi che accettano animali o corsi di addestramento per cani per offrire opportunità di socializzazione. Le interazioni positive con altri cani e persone insegnano al tuo pastore tedesco a rimanere calmo e ben educato in contesti diversi. La socializzazione dovrebbe iniziare presto e continuare per tutta la vita del tuo cane per garantire che sia ben adattato e amichevole.

Monitorare i progressi del tuo cane e apportare modifiche al programma di allenamento secondo necessità è importante per il successo a lungo termine. Presta attenzione a come il tuo pastore tedesco risponde ai diversi metodi di addestramento e adatta il tuo approccio in base alle sue esigenze e al suo stile di apprendimento. Alcuni cani potrebbero aver bisogno di più ripetizioni e rinforzi, mentre altri potrebbero captare rapidamente i comandi. Sii paziente e flessibile e celebra i risultati del tuo cane, non importa quanto piccoli.

È anche importante incorporare riposo e relax nel programma di allenamento. L'addestramento può essere mentalmente e fisicamente impegnativo per il tuo cane, quindi fornire pause e tempi di inattività regolari aiuta a prevenire il burnout. Assicurati che il tuo cane abbia uno spazio confortevole dove riposarsi e rilassarsi dopo le sessioni di allenamento. Ciò non solo li aiuta a recuperare, ma rafforza anche il fatto che l'allenamento è un'esperienza positiva e piacevole. Periodi di riposo costanti contribuiscono al benessere generale del tuo cane e alla sua preparazione per l'addestramento futuro.

Mantenere un atteggiamento e un approccio positivi durante l'addestramento è fondamentale sia per te che per il tuo cane. Rimani paziente, calmo e incoraggiante, anche se il tuo pastore tedesco non capisce subito un comando. L'addestramento dovrebbe essere un'esperienza divertente e gratificante per il tuo cane, non una fonte di stress o frustrazione. Festeggia i successi, non importa quanto piccoli, e mantieni il tuo impegno ad aiutare il tuo cane a imparare e crescere. La tua energia positiva e la tua dedizione motiveranno il tuo cane e rafforzeranno il legame tra voi.

Stabilire un programma e una routine di addestramento strutturati implica scegliere tempi di addestramento coerenti, mantenere le sessioni brevi e coinvolgenti, incorporare l'addestramento nelle attività quotidiane, stabilire obiettivi chiari, utilizzare rinforzi positivi, mantenere coerenza nei comandi, fornire esercizio fisico e mentale, socializzare il cane, monitorare i progressi , permettendo riposo e relax e mantenendo un atteggiamento positivo. Seguendo queste linee guida, puoi creare una routine di allenamento efficace che si adatta alla tua vita quotidiana e aiuta il tuo pastore tedesco a imparare e prosperare. Con pazienza, costanza e rinforzo positivo, puoi allevare un pastore tedesco ben educato, obbediente e felice.

CAPITOLO 3

Addestramento di obbedienza di base

Insegnare i comandi di base

Insegnare al tuo pastore tedesco comandi di base come "seduto", "resta", "vieni" e "piede" è fondamentale per la sua obbedienza e il suo comportamento generale. Questi comandi sono essenziali per garantire la sicurezza del tuo cane, gestire il suo comportamento in varie situazioni e rafforzare il legame tra te e il tuo cane. Utilizzando tecniche di rinforzo positivo, puoi insegnare efficacemente questi comandi in modo chiaro, amichevole e coinvolgente.

Per iniziare con il comando "seduto", trova uno spazio tranquillo con distrazioni minime dove tu e il tuo cane potete concentrarvi. Tieni un piccolo e gustoso bocconcino vicino al naso del tuo cane e spostalo lentamente verso l'alto, verso la parte posteriore della testa. Mentre il tuo cane segue il bocconcino con il naso, il sedere si abbasserà naturalmente a terra. Nel momento in cui il suo sedere tocca il pavimento, digli "siediti" con voce chiara e calma e dagli immediatamente il bocconcino insieme a tanti elogi. Ripeti questo processo più volte al giorno finché il tuo cane non si siede costantemente a comando. Riduci gradualmente l'uso dei dolcetti ricompensandoli con lodi o con un giocattolo, ma assicurati sempre che il comando sia seguito da un rinforzo positivo.

Successivamente, insegnare il comando "resta" richiede pazienza e coerenza. Inizia facendo sedere il tuo cane. Tieni la mano alzata, con il palmo rivolto verso il cane, e dì "resta" con tono deciso ma gentile. Fai un piccolo passo indietro e se il tuo cane rimane in posizione seduta, ricompensalo immediatamente con un bocconcino e un elogio. Se il tuo cane si muove, riportalo con calma nella posizione originale e ripeti il comando. Aumenta gradualmente la distanza e la durata in cui il tuo cane rimane sul posto. Ritorna sempre dal tuo cane per dargli il premio, rafforzando il fatto che restare fermo è ciò che guadagna la ricompensa. Praticare regolarmente questo comando aiuterà il tuo cane a capire che "resta" significa rimanere nella posizione finché non viene rilasciato.

Il comando "vieni" è fondamentale per richiamare e garantire che il tuo cane ritorni da te quando viene chiamato. Inizia questa formazione in un'area controllata e chiusa. Inginocchiati al livello del tuo cane e usa un tono felice ed entusiasta per dire "vieni", tirando delicatamente un lungo guinzaglio, se necessario. Quando il tuo cane si avvicina, premialo con un dolcetto e tanti elogi. Esercita questo comando frequentemente e in ambienti diversi per aiutare il tuo cane a imparare ad avvicinarsi quando viene chiamato, indipendentemente dalle distrazioni. Nel corso del tempo, riduci l'uso del guinzaglio e pratica il richiamo senza guinzaglio in aree sicure e chiuse per aumentare l'affidabilità.

Per insegnare il comando "piede", inizia con il cane al guinzaglio alla tua sinistra. Tieni un bocconcino con la mano sinistra vicino al naso del tuo cane e dì "tallone" mentre inizi a camminare. Incoraggia il tuo cane a camminare accanto a te offrendoti il premio mentre mantiene la posizione corretta. Se il tuo cane inizia a tirare avanti o a restare indietro, smetti di camminare e aspetta che torni al tuo fianco. Una volta tornato in posizione, riprendi a camminare e continua a premiarlo con dolcetti e lodi per essere rimasto al tuo fianco. Esercitati regolarmente, aumentando gradualmente la durata e la distanza della camminata rafforzando al tempo stesso il comando "piede".

Il rinforzo positivo è un elemento chiave nell'insegnamento di questi comandi di base. I cani imparano meglio quando vengono ricompensati per il comportamento corretto anziché essere puniti per gli errori. Usa sempre dolcetti, lodi o giocattoli per premiare il tuo pastore tedesco quando segue correttamente un comando. Ciò li incoraggia a ripetere il comportamento e crea un'associazione positiva con l'addestramento. Sii paziente e coerente, poiché potrebbe volerci del tempo prima che il tuo cane afferri completamente ogni comando.

È anche importante usare segnali chiari e coerenti. Assicurati che tutti i soggetti coinvolti nella formazione utilizzino le stesse parole e gli stessi gesti per ciascun comando. Questa coerenza aiuta il tuo cane a capire cosa gli viene chiesto e previene la confusione. Ad esempio, se "vieni" è il comando per richiamare, evita di utilizzare varianti come "qui" o "vieni qui". Un linguaggio e segnali coerenti rafforzano il processo di apprendimento e rendono più facile per il tuo cane obbedire.

Incorporare l'addestramento nella routine quotidiana aiuta a rafforzare i comandi e rende l'addestramento una parte naturale della vita del tuo cane. Esercitati a "sedersi" prima dei pasti, "resta" mentre si apre la porta, "vieni" durante il gioco e "tacco" durante le passeggiate. Integrando questi comandi nelle attività quotidiane, il tuo cane imparerà a rispondere in modo affidabile in vari contesti e situazioni. La pratica regolare aiuta anche a mantenere l'obbedienza del tuo cane e rinforza i comportamenti nel tempo.

È importante che le sessioni di addestramento siano brevi e divertenti per mantenere vivo l'interesse e l'entusiasmo del tuo cane. Obiettivo per sessioni da 10 a 15 minuti, due o tre volte al giorno. Ciò impedisce al tuo cane di annoiarsi o frustrarsi e garantisce che rimanga concentrato e impegnato. Termina ogni sessione con una nota positiva con un comando e una ricompensa riusciti, lasciando il tuo cane in attesa della successiva sessione di addestramento.

Anche la socializzazione e l'esposizione ad ambienti diversi sono cruciali durante l'addestramento di base all'obbedienza. Esercitati con i comandi in vari ambienti come casa, cortile, parco e persino in presenza di altre persone e cani. Questo aiuta il tuo pastore tedesco a generalizzare i comandi e a rispondere in modo affidabile indipendentemente dall'ambiente circostante o dalle distrazioni. Esperienze positive in ambienti diversi rafforzano la fiducia del tuo cane e migliorano il suo comportamento generale.

Pazienza e perseveranza sono essenziali durante tutto il processo di formazione. Ogni cane impara al proprio ritmo e alcuni comandi potrebbero richiedere più tempo per essere padroneggiati rispetto ad altri. Mantieni la calma e la pazienza ed evita di mostrare frustrazione se il tuo cane non capisce immediatamente un comando. Una pratica costante, un rinforzo positivo e un atteggiamento di supporto aiuteranno il tuo cane ad imparare e ad avere successo.

Insegnare comandi di base come "seduto", "resta", "vieni" e "piede" implica segnali chiari e coerenti, rinforzi positivi e pratica regolare. Inizia con sessioni brevi e mirate in un ambiente privo di distrazioni, aumentando gradualmente la difficoltà e incorporando l'allenamento nella routine quotidiana. Usa dolcetti, lodi e giocattoli per premiare il comportamento corretto ed esercitati nei comandi in varie impostazioni per garantire l'affidabilità. Con pazienza, coerenza e un approccio positivo, puoi insegnare efficacemente al tuo pastore tedesco questi comandi essenziali di obbedienza, ottenendo un compagno ben educato, obbediente e felice.

Tecniche di rinforzo positivo

Il rinforzo positivo è una tecnica di addestramento potente ed efficace utilizzata per incoraggiare i comportamenti desiderati nei cani, compresi i pastori tedeschi. Si basa sul principio di premiare un cane immediatamente dopo aver eseguito il comportamento desiderato, il che aumenta la probabilità che il comportamento venga ripetuto. Questo metodo non solo è efficace ma promuove anche una relazione positiva e di fiducia tra te e il tuo cane.

Al centro del rinforzo positivo c'è l'idea che i cani, come gli esseri umani, sono motivati dalle ricompense. Quando un cane esegue un comportamento seguito da una ricompensa, associa il comportamento a risultati positivi ed è più probabile che lo ripeta. I premi possono assumere varie forme, come dolcetti, lodi, giocattoli o momenti di gioco. La chiave è trovare ciò che motiva maggiormente il tuo pastore tedesco e usarlo come ricompensa durante l'addestramento.

Per applicare efficacemente il rinforzo positivo, il tempismo è fondamentale. La ricompensa deve essere data immediatamente dopo che è stato eseguito il comportamento desiderato in modo che il cane possa stabilire una chiara connessione tra il comportamento e la ricompensa. Ad esempio, se stai insegnando al tuo pastore tedesco a sedersi, dovresti dargli un premio e lodarlo nel momento in cui il suo sedere tocca il suolo. Questo rinforzo immediato aiuta il tuo cane a capire quale azione specifica ha guadagnato la ricompensa.

La coerenza è importante anche nel rinforzo positivo. Usare gli stessi comandi, premi e tempistiche ogni volta che addestri il tuo cane ti assicura che capisca chiaramente cosa ci si aspetta da lui. Se occasionalmente premi un comportamento e altre volte no, il tuo cane potrebbe confondersi e non imparare in modo altrettanto efficace. Stabilisci una routine coerente e attieniti ad essa per massimizzare i benefici del rinforzo positivo.

Uno dei principali vantaggi del rinforzo positivo è che si concentra sull'incoraggiamento del buon comportamento piuttosto che sulla punizione del cattivo comportamento. Questo approccio crea un ambiente di apprendimento positivo in cui il tuo cane si sente sicuro e motivato ad apprendere. Invece di concentrarti su ciò che il tuo cane sta facendo di sbagliato, ti concentri sul rafforzare ciò che sta facendo bene. Questo aiuta a costruire un forte legame di fiducia e cooperazione tra te e il tuo pastore tedesco.

Quando si inizia un addestramento di rinforzo positivo, è utile utilizzare dolcetti di alto valore che il cane trova particolarmente gratificanti. Possono essere piccoli pezzi di pollo cotto, formaggio o dolcetti commerciali per cani. La dimensione del bocconcino dovrebbe essere sufficientemente piccola da consentire al tuo cane di mangiarlo rapidamente e continuare con la sessione di addestramento. Man mano che il tuo cane diventa più abile nell'eseguire i comportamenti desiderati, puoi ridurre gradualmente la frequenza dei premi e sostituirli con lodi o giocattoli per mantenere la motivazione.

Un'altra tecnica efficace nel rinforzo positivo è l'utilizzo di un clicker. Un clicker è un piccolo dispositivo che emette un suono distinto quando viene premuto. Il clicker viene utilizzato per contrassegnare il momento esatto in cui il tuo cane esegue il comportamento desiderato. Per iniziare l'addestramento con il clicker, devi prima associare il suono del clicker a una ricompensa. Fai clic sul dispositivo e dai immediatamente un premio al tuo cane. Ripeti l'operazione più volte finché il tuo cane non associa il suono del clicker alla ricezione di un premio. Una volta stabilita questa associazione, puoi utilizzare il clicker per contrassegnare i comportamenti desiderati, seguiti da una ricompensa. Il clicker funge da indicatore chiaro e coerente, rendendo più facile per il tuo cane capire quale comportamento viene rinforzato.

È anche importante usare un tono di voce calmo e positivo quando si impartiscono comandi e ricompense. Il tuo pastore tedesco è sensibile al tuo tono e al linguaggio del corpo, e un comportamento calmo e incoraggiante lo aiuterà a sentirsi più a suo agio e disposto a imparare. Evita di usare toni aspri o arrabbiati, poiché ciò può creare ansia e ostacolare il processo di apprendimento.

Oltre ai dolcetti e alle lodi, il tempo libero può essere una ricompensa efficace per molti cani, in particolare per i pastori tedeschi che sono attivi e giocosi per natura. Incorporare brevi sessioni di gioco con un giocattolo preferito o un gioco di recupero come ricompensa può rendere le sessioni di addestramento più divertenti per il tuo cane. Ciò non solo rafforza il comportamento desiderato, ma aiuta anche a bruciare energia e a mantenere il cane impegnato.

È importante aumentare gradualmente la difficoltà dei comportamenti che stai rinforzando man mano che il tuo cane progredisce. Inizia con comandi e comportamenti semplici e, una volta che il tuo cane li esegue costantemente, passa a compiti più complessi. Ad esempio, una volta che il tuo pastore tedesco ha imparato a sedersi a comando, puoi iniziare a insegnargli a restare o venire quando viene chiamato. Questa progressione graduale aiuta il tuo cane ad acquisire sicurezza e abilità senza sentirsi sopraffatto.

Il rinforzo positivo può essere utilizzato anche per modificare comportamenti indesiderati rinforzando comportamenti alternativi e desiderabili. Ad esempio, se il tuo pastore tedesco tende a saltare addosso alle persone quando è eccitato, puoi insegnargli a sedersi. Ogni volta che iniziano a saltare, reindirizzali a sedersi e ricompensali per essersi seduti. Col tempo, il tuo cane imparerà che sedersi è più gratificante che saltare e il comportamento indesiderato diminuirà.

Incorporare il rinforzo positivo nelle interazioni quotidiane con il tuo cane aiuta a rafforzare il buon comportamento al di fuori delle sessioni di addestramento formale. Ogni volta che il tuo pastore tedesco mostra un comportamento desiderabile, come sdraiarsi tranquillamente mentre lavori o aspettare pazientemente alla porta, ricompensalo con una lode o un dolcetto. Questo rinforzo continuo aiuta a consolidare i comportamenti che desideri incoraggiare e li rende una parte naturale della routine del tuo cane.

È anche utile socializzare il tuo pastore tedesco usando il rinforzo positivo. Esporli a persone, animali e ambienti diversi, fornendo allo stesso tempo ricompense per un comportamento calmo e appropriato, aiuta il tuo cane ad adattarsi e a sentirsi sicuro in varie situazioni. Le esperienze di socializzazione positive riducono l'ansia e promuovono un buon comportamento in contesti diversi.

Il rinforzo positivo è una tecnica di allenamento efficace e umana che si concentra sulla ricompensa dei comportamenti desiderati per incoraggiarne la ripetizione. Usando ricompense tempestive e coerenti, mantenendo un comportamento positivo e calmo e aumentando gradualmente la difficoltà dei compiti, puoi addestrare efficacemente il tuo pastore tedesco e costruire una relazione forte e di fiducia. Il rinforzo positivo non solo aiuta il tuo cane ad apprendere nuovi comandi e comportamenti, ma crea anche un'esperienza di allenamento positiva e piacevole per entrambi.

Affrontare i problemi comuni di obbedienza

I pastori tedeschi sono noti per la loro intelligenza, energia e lealtà, che li rendono ottimi compagni e cani da lavoro. Tuttavia, questi tratti possono a volte portare a problemi di obbedienza comuni come saltare e tirare il guinzaglio. Affrontare queste sfide richiede comprendere il motivo per cui si verificano e implementare strategie pratiche per gestire e correggere il comportamento in modo efficace.

Saltare è un problema comune nei pastori tedeschi, spesso derivante dalla loro eccitazione e dal desiderio di salutare le persone. Quando un cane salta in piedi, di solito cerca attenzione o cerca di interagire faccia a faccia. Sebbene questo comportamento possa essere tenero in un cucciolo piccolo, può diventare problematico e persino pericoloso man mano che il cane diventa più grande. Per affrontare il salto, è importante insegnare al tuo pastore tedesco un comportamento alternativo e accettabile, come sedersi.

Quando il tuo pastore tedesco salta su di te o su altri, evita di prestare loro attenzione. Anche l'attenzione negativa, come allontanarlo o rimproverarlo, può rinforzare il comportamento. Invece, gira le spalle e ignora il cane finché tutte e quattro le zampe non sono a terra. Una volta che si è calmato e ha tutte le zampe sul pavimento, ricompensalo con lodi, dolcetti o affetto. Premiare costantemente il tuo cane per aver tenuto le zampe a terra gli insegna che restare giù è più gratificante che saltare.

Inoltre, insegnare il comando "seduto" può essere particolarmente efficace nella gestione dei salti. Quando il tuo cane inizia a saltare, dagli immediatamente il comando "seduto". Premiali generosamente quando si conformano. Praticarlo costantemente aiuta il tuo cane a capire che sedersi è il comportamento desiderato quando saluta le persone. Incoraggia gli ospiti e i membri della famiglia a utilizzare lo stesso approccio, assicurando che tutti rinforzino lo stesso comportamento.

Tirare il guinzaglio è un altro problema di obbedienza comune tra i pastori tedeschi, spesso a causa della loro naturale curiosità e degli alti livelli di energia. Quando un cane tira il guinzaglio, le passeggiate possono diventare stressanti e persino comportare uno sforzo fisico sia per il cane che per il proprietario. La chiave per affrontare il problema del tirare il guinzaglio è insegnare al tuo cane che camminare tranquillamente al tuo fianco è più gratificante che tirare avanti.

Inizia utilizzando un collare o un'imbracatura adatti che forniscano un migliore controllo senza causare disagio. Un'imbracatura con clip frontale può essere particolarmente efficace nello scoraggiare la trazione, poiché reindirizza l'attenzione del cane su di te. Inizia l'addestramento in un ambiente privo di distrazioni, come il cortile o una zona tranquilla, per aiutare il tuo cane a concentrarsi sull'apprendimento del nuovo comportamento.

Tieni il guinzaglio in modo da tenere il cane vicino al tuo fianco. Quando inizi a camminare, usa un tono allegro e incoraggiante per mantenere l'attenzione del tuo cane su di te. Nel momento in cui il tuo cane inizia a tirare, smetti immediatamente di camminare. Resta fermo e attendi finché il cane non ritorna al tuo fianco o allenta la tensione del guinzaglio. Una volta che il guinzaglio è allentato, riprendere a camminare. Questo insegna al tuo cane che tirare non comporta alcun movimento in avanti, mentre camminare con calma al tuo fianco consente alla camminata di continuare.

La coerenza è fondamentale nell'addestramento al guinzaglio. Ogni volta che il tuo cane tira, fermati e aspetta che ritorni in una posizione calma prima di continuare. Ciò potrebbe richiedere pazienza, soprattutto con un pastore tedesco forte ed energico, ma la perseveranza ripagherà. Premia il tuo cane con dolcetti e lodi quando cammina tranquillamente al tuo fianco, rafforzando il comportamento desiderato.

Oltre a fermarti quando il tuo cane tira, puoi anche usare il metodo "gira e vai". Quando il tuo cane inizia a tirare, cambia bruscamente direzione e cammina nella direzione opposta. Questo cambiamento inaspettato attira l'attenzione del tuo cane e lo incoraggia a concentrarsi su di te invece di andare avanti. Continua a premiare il tuo cane per aver camminato con calma accanto a te mentre cambi direzione.

È importante incorporare esercizio fisico regolare e stimolazione mentale nella routine del tuo pastore tedesco per aiutarlo a gestire i suoi livelli di energia. Un cane ben esercitato ha meno probabilità di impegnarsi in comportamenti indesiderati come saltare e tirare il guinzaglio. Fornire ampie opportunità di esercizio fisico, come passeggiate, corse e momenti di gioco, nonché sfide mentali attraverso sessioni di allenamento, giocattoli puzzle e giochi interattivi.

Affrontare i problemi di obbedienza comune implica anche identificare e gestire i potenziali fattori scatenanti. Ad esempio, se il tuo pastore tedesco tende a saltare quando arrivano i visitatori, crea scenari controllati per praticare saluti calmi. Chiedi aiuto ad amici o familiari affinché agiscano come visitatori, permettendo al tuo cane di esercitarsi a stare seduto e a mantenere la calma quando qualcuno entra in casa. Premiali per aver mantenuto la compostezza e per essersi astenuto dal saltare.

Allo stesso modo, se tirare il guinzaglio è più pronunciato in determinati ambienti, come strade trafficate o parchi, esponi gradualmente il tuo cane a queste impostazioni mantenendo l'attenzione sulla camminata tranquilla. Inizia con ambienti meno stimolanti e aumenta gradualmente il livello di distrazione man mano che il tuo cane diventa più abile nel camminare tranquillamente al guinzaglio.

Il rinforzo positivo rimane una pietra angolare nell'affrontare i problemi di obbedienza. Punizioni o dure correzioni possono danneggiare la fiducia tra te e il tuo cane e possono portare ad un aumento dell'ansia o a comportamenti basati sulla paura. Concentrati invece sul premiare i comportamenti che vuoi vedere, usando dolcetti, lodi e affetto per motivare il tuo cane.

È anche utile frequentare corsi di obbedienza o chiedere consiglio a un addestratore di cani professionista, soprattutto se incontri sfide persistenti. Un formatore può fornire consigli personalizzati e dimostrare tecniche efficaci per la gestione di comportamenti specifici. Le lezioni di gruppo offrono l'ulteriore vantaggio di socializzare il tuo cane con altri cani e persone in un ambiente controllato.

L'addestramento dovrebbe essere un'esperienza positiva e piacevole sia per te che per il tuo pastore tedesco. Mantieni le sessioni brevi, divertenti e coinvolgenti per mantenere vivo l'interesse e l'entusiasmo del tuo cane. La pratica costante, la pazienza e il rinforzo positivo ti aiuteranno ad affrontare con successo i problemi comuni di obbedienza e a promuovere un compagno ben educato e obbediente.

Affrontare i problemi di obbedienza comuni nei pastori tedeschi, come saltare e tirare il guinzaglio, implica comprendere le motivazioni alla base di questi comportamenti e utilizzare il rinforzo positivo per insegnare comportamenti alternativi e accettabili. Coerenza, pazienza e ampia stimolazione fisica e mentale sono fondamentali per gestire e correggere queste sfide. Concentrandoti sul rinforzo positivo e mantenendo un ambiente di addestramento favorevole, puoi affrontare efficacemente i problemi di obbedienza e rafforzare il legame con il tuo pastore tedesco.

CAPITOLO 4

Abilità di socializzazione

Importanza della socializzazione per i pastori tedeschi

La socializzazione è un aspetto cruciale per allevare un pastore tedesco ben adattato e fiducioso. Questo processo prevede l'esposizione del tuo cane a una varietà di persone, animali, ambienti ed esperienze in modo positivo e controllato. La socializzazione precoce e continua aiuta a prevenire problemi comportamentali e garantisce che il tuo pastore tedesco cresca fino a diventare un compagno amichevole, adattabile e educato.

L'importanza della socializzazione per i pastori tedeschi non può essere sopravvalutata. I pastori tedeschi sono naturalmente protettivi e intelligenti, il che li rende ottimi cani da lavoro e fedeli membri della famiglia. Tuttavia, questi stessi tratti possono anche portare a paura, aggressività o ansia se non vengono adeguatamente socializzati. Introducendo presto il tuo pastore tedesco a una vasta gamma di esperienze, puoi aiutarlo a sviluppare la sicurezza e le competenze di cui ha bisogno per navigare nel mondo con calma e sicurezza.

Uno degli obiettivi principali della socializzazione è insegnare al tuo pastore tedesco che le nuove esperienze sono positive e non qualcosa da temere. Quando un cane è esposto a persone, luoghi e situazioni diverse in modo controllato e positivo, impara ad affrontare nuove esperienze con curiosità piuttosto che con paura. Ciò è particolarmente importante durante la fase del cucciolo, poiché i cuccioli sono più ricettivi all'apprendimento e all'adattamento a cose nuove.

La socializzazione dovrebbe iniziare non appena porti a casa il tuo cucciolo di pastore tedesco, in genere intorno alle 8 settimane di età. Inizia presentando il tuo cucciolo a diversi membri della famiglia e amici. Incoraggia la manipolazione e le interazioni delicate per aiutare il tuo cucciolo a sentirsi a proprio agio nell'essere toccato e trattenuto. Assicurati che queste interazioni siano positive usando dolcetti, lodi e momenti di gioco come ricompensa per un comportamento calmo e amichevole.

Portare il tuo cucciolo di pastore tedesco in ambienti diversi è un altro aspetto importante della socializzazione. Inizia con luoghi più tranquilli come il tuo cortile, quindi introduci gradualmente il tuo cucciolo in luoghi più frequentati come parchi, strade e negozi in cui sono ammessi animali domestici. Ogni nuovo ambiente offre al tuo cucciolo l'opportunità di sperimentare immagini, suoni e odori diversi. Il rinforzo positivo, come dolcetti e lodi, dovrebbe essere utilizzato per premiare il comportamento calmo e fiducioso in questi nuovi contesti.

Incontrare altri cani è una parte fondamentale della socializzazione per i pastori tedeschi. Organizza appuntamenti di gioco con cani ben educati e vaccinati per aiutare il tuo cucciolo ad apprendere le interazioni cane-cane appropriate. Il tempo di gioco supervisionato consente al tuo pastore tedesco di praticare segnali sociali, come gli archi e il linguaggio del corpo, che sono essenziali per interazioni positive con altri cani. Anche le lezioni per cuccioli o le sessioni di addestramento all'obbedienza che includono componenti di socializzazione possono essere utili per insegnare al tuo cucciolo come comportarsi con altri cani e persone.

Oltre ad altri cani, è importante che il tuo pastore tedesco incontri una varietà di persone, inclusi bambini, adulti e individui di età, dimensioni e aspetto diversi. Questo aiuta il tuo cane a sentirsi a proprio agio con diversi tipi di persone e riduce la probabilità di paura o aggressività negli incontri futuri. Incoraggia interazioni gentili e calme e premia il tuo cane per un comportamento amichevole.

Anche l'esposizione a diversi tipi di suoni e superfici è una componente fondamentale della socializzazione. I rumori forti, come quelli degli aspirapolvere, dei temporali e del traffico, possono intimidire i cani se non sono abituati ad essi. Introduci gradualmente il tuo pastore tedesco a questi suoni a basso volume, abbinandoli a dolcetti e lodi per creare associazioni positive. Allo stesso modo, camminare su superfici diverse, come erba, ghiaia e marciapiede, aiuta il tuo cane a sentirsi a proprio agio con le varie superfici sotto le zampe.

Le esperienze positive durante la socializzazione aiutano a rafforzare la fiducia del tuo pastore tedesco e a ridurre la probabilità di comportamenti basati sulla paura. Tuttavia, è importante introdurre nuove esperienze gradualmente e a un ritmo con cui il tuo cane si senta a suo agio. Sopraffare il tuo cucciolo con troppe nuove esperienze contemporaneamente può portare paura e ansia. Presta attenzione al linguaggio del corpo del tuo cane e adatta il processo di socializzazione secondo necessità per garantire un'esperienza positiva.

La socializzazione continua è importante anche dopo la fase del cucciolo. Continua a esporre il tuo pastore tedesco a nuove esperienze nel corso della sua vita per rafforzare le sue capacità sociali e la sua sicurezza. Portare regolarmente il tuo cane in posti nuovi, incontrare nuove persone e interagire con altri cani aiuta a mantenere la sua socializzazione e previene lo sviluppo di problemi comportamentali.

Per i pastori tedeschi che potrebbero aver perso la socializzazione precoce o mostrare paura o aggressività, è importante avvicinarsi alla socializzazione con pazienza e cura. L'esposizione graduale e il rinforzo positivo possono ancora aiutare i cani più anziani a imparare ad affrontare nuove esperienze. In alcuni casi, lavorare con un addestratore di cani professionista o un comportamentista può fornire ulteriore guida e supporto per socializzare un pastore tedesco anziano o pauroso.

Anche la socializzazione svolge un ruolo significativo nella prevenzione dei problemi comportamentali. Un pastore tedesco ben socializzato ha meno probabilità di sviluppare problemi come abbaiare eccessivo, paura degli estranei o aggressività verso gli altri cani. Fornendo esperienze sociali positive, aiuti il tuo cane a sviluppare le capacità e la sicurezza necessarie per gestire nuove situazioni con calma e in modo appropriato.

Incorporare la socializzazione nella routine quotidiana del tuo pastore tedesco può essere divertente e gratificante. Usa i momenti di gioco, le sessioni di addestramento e le gite come opportunità per presentare al tuo cane nuove esperienze. Impegnati in attività che piacciono al tuo cane, come il recupero, corsi di agilità o escursioni, per creare associazioni positive con la socializzazione.

La socializzazione è una componente essenziale per allevare un pastore tedesco ben adattato e fiducioso. Esponendo il tuo cane a una varietà di persone, animali, ambienti ed esperienze in modo positivo e controllato, lo aiuti a sviluppare le capacità e la sicurezza necessarie per navigare nel mondo con calma e sicurezza. La socializzazione precoce e continua previene problemi comportamentali e garantisce che il tuo pastore tedesco cresca fino a diventare un compagno amichevole, adattabile e educato. Coerenza, pazienza e rinforzo positivo sono fondamentali per una socializzazione di successo, creando una solida base per un cane felice e ben educato.

Socializzare con altri cani e animali domestici

Presentare il tuo pastore tedesco ad altri cani e animali domestici è una parte importante del loro processo di socializzazione. Una corretta socializzazione aiuta il tuo cane a sviluppare relazioni positive con altri animali e previene problemi comportamentali come aggressività o paura. La chiave per un inserimento di successo è garantire che avvengano gradualmente e in modo controllato e positivo.

Quando presenti il tuo pastore tedesco ad altri cani, è meglio iniziare con una posizione neutrale. Ciò significa scegliere un luogo in cui nessuno dei due cani si senta territoriale, come un parco o il cortile di un amico. Inizia tenendo entrambi i cani al guinzaglio e consenti loro di vedersi a distanza. Presta attenzione al linguaggio del corpo; una postura rilassata, la coda scodinzolante e l'annusare curioso sono buoni segni che si sentono a proprio agio l'uno con l'altro. Evita di lasciare che i cani si avvicinino frontalmente, poiché ciò può essere visto come un atteggiamento conflittuale. Invece, camminali paralleli tra loro a distanza, diminuendo gradualmente lo spazio tra loro man mano che diventano più comodi.

Durante gli incontri iniziali, mantieni le interazioni brevi e positive. Se uno dei cani mostra segni di stress o aggressività, come ringhiare, irrigidirsi o sollevare il pelo, separali con calma e dagli una pausa. Usa dolcetti e lodi per premiare un comportamento calmo e amichevole, aiutando entrambi i cani ad associare la presenza dell'altro a esperienze positive.

Per far conoscere il tuo pastore tedesco ad animali domestici come gatti, uccelli o animali più piccoli, è importante procedere con cautela. Inizia consentendo al tuo pastore tedesco di osservare l'altro animale domestico a distanza mentre è confinato in modo sicuro nel proprio spazio, come una gabbia o una stanza separata. Ciò consente al tuo cane di acquisire familiarità con l'odore e la presenza dell'altro animale domestico senza interazione diretta.

Aumentare gradualmente l'esposizione consentendo interazioni brevi e supervisionate. Tieni il tuo pastore tedesco al guinzaglio per mantenere il controllo ed evitare movimenti improvvisi che potrebbero spaventare l'altro animale domestico. Premia il tuo cane con dolcetti e lodi per il comportamento calmo e per aver ignorato l'altro animale domestico. Se l'altro animale mostra segni di stress, come sibilare o nascondersi, dagli spazio e riprova più tardi.

La pazienza e la coerenza sono fondamentali quando presenti il tuo pastore tedesco ad altri animali domestici. Potrebbero essere necessarie diverse sessioni prima che entrambi gli animali si sentano a proprio agio e rilassati l'uno con l'altro. Evita di forzare le interazioni e supervisiona sempre il tempo trascorso insieme per garantire la sicurezza. Nel tempo, con un rinforzo positivo e un'esposizione graduale, il tuo pastore tedesco può imparare a convivere pacificamente con altri animali domestici.

Socializzare il tuo pastore tedesco con altri cani e animali domestici non è un evento isolato ma un processo continuo. Esporre regolarmente il tuo cane a diversi animali aiuta a rafforzare comportamenti sociali positivi e previene lo sviluppo di paura o aggressività. Considera l'idea di iscrivere il tuo pastore tedesco a un corso per cuccioli o a un asilo nido per cani, dove potrà interagire con altri cani in un ambiente controllato sotto la supervisione di professionisti qualificati.

Quando presenti il tuo pastore tedesco a nuovi cani o animali domestici, è anche importante gestire il tuo comportamento e le tue emozioni. I cani sono molto sensibili ai sentimenti dei loro proprietari e possono percepire lo stress o l'ansia. Mantieni la calma e la sicurezza durante le presentazioni, fornendo un senso di sicurezza al tuo cane. Usa una voce calma e rassicurante e mantieni un comportamento rilassato per aiutare il tuo cane a sentirsi più a suo agio.

Se incontri difficoltà o dubbi durante il processo di socializzazione, chiedi l'assistenza di un addestratore di cani professionista o di un comportamentista. Possono fornire una guida esperta e strategie su misura per affrontare sfide specifiche e garantire introduzioni di successo. Un addestratore può anche aiutarti a comprendere il linguaggio del corpo e il comportamento del tuo cane, permettendoti di supportare meglio il suo percorso di socializzazione.

La socializzazione con altri cani e animali domestici offre numerosi vantaggi per il tuo pastore tedesco. Le interazioni positive con altri animali possono aiutare a ridurre la noia e la solitudine, fornendo stimolazione mentale ed esercizio fisico. I cani ben socializzati hanno anche meno probabilità di sviluppare problemi comportamentali come ansia da separazione, abbaiare eccessivo o comportamenti distruttivi.

Oltre a socializzare con altri animali domestici, è importante esporre il tuo pastore tedesco a una varietà di persone, ambienti ed esperienze. Le passeggiate regolari, le visite in luoghi adatti ai cani e la partecipazione a eventi della comunità possono offrire preziose opportunità di socializzazione. Incoraggia il tuo cane a interagire con diversi tipi di persone, inclusi bambini, adulti e anziani, per rafforzare la sua sicurezza e adattabilità.

Per supportare ulteriormente la socializzazione del tuo pastore tedesco, valuta la possibilità di incorporare esercizi di addestramento che promuovano comportamenti sociali positivi. Insegnare comandi come "siediti", "resta" e "lascialo" può aiutarti a gestire le interazioni del tuo cane con altri animali e garantire la loro sicurezza. Esercitati con questi comandi in vari contesti e situazioni per rafforzarne l'affidabilità.

È anche utile stabilire confini e regole chiari per le interazioni con altri animali domestici. Ad esempio, insegna al tuo pastore tedesco ad aspettare pazientemente prima di avvicinarsi a un altro animale e premialo per il comportamento calmo. La coerenza e il rinforzo positivo sono essenziali per aiutare il tuo cane a comprendere e seguire queste linee guida.

Socializzare il tuo pastore tedesco con altri cani e animali domestici è una parte vitale del suo sviluppo e del suo benessere. Presentazioni graduali e controllate, rinforzi positivi e esposizione continua a diversi animali aiutano il tuo cane a costruire relazioni positive e a prevenire problemi comportamentali. Pazienza, coerenza e guida professionale, se necessaria, garantiranno una socializzazione di successo e una convivenza armoniosa con altri animali domestici. Investendo tempo e impegno nella socializzazione, puoi aiutare il tuo pastore tedesco a diventare un membro sicuro, educato e felice della tua famiglia.

Presentare il tuo pastore tedesco a nuove persone e ambienti

Presentare il tuo pastore tedesco a nuove persone e ambienti è una parte fondamentale del loro processo di socializzazione. Questa esposizione li aiuta a diventare cani ben adattati, sicuri e adattabili. Una socializzazione adeguata riduce la probabilità di paura e aggressività e garantisce che il tuo cane possa gestire una varietà di situazioni con calma e in modo appropriato.

Quando presenti il tuo pastore tedesco a nuove persone, è importante garantire che le esperienze siano positive e prive di stress. Inizia invitando a casa tua amici o familiari che si sentono a proprio agio con i cani. Questo ambiente familiare fornisce un ambiente sicuro e controllato per le presentazioni iniziali. Incoraggia i visitatori ad avvicinarsi al tuo cane con calma, permettendo al tuo pastore tedesco di avviare il contatto. Usa dolcetti e lodi per premiare un comportamento amichevole e rilassato, aiutando il tuo cane ad associare l'incontro con nuove persone con risultati positivi.

Per i nuovi ambienti, inizia con luoghi che non siano eccessivamente stimolanti o affollati. Il tuo cortile o un parco tranquillo possono essere buoni punti di partenza. Consenti al tuo pastore tedesco di esplorare al proprio ritmo, utilizzando un guinzaglio per mantenere il controllo. Aumenta gradualmente la complessità degli ambienti visitando i parchi più frequentati, i negozi che accettano animali o gli eventi della comunità. Controlla sempre il linguaggio del corpo del tuo cane e, se mostra segni di stress o paura, come rannicchiarsi o ansimare eccessivamente, concedigli una pausa e ritirati in un'area più tranquilla.

Il rinforzo positivo è fondamentale quando presenti il tuo pastore tedesco a nuove persone e luoghi. Porta con te dei dolcetti e premia il tuo cane per un comportamento calmo e sicuro. Anche la lode e l'affetto contribuiscono notevolmente a rafforzare le esperienze positive. Ad esempio, se il tuo cane rimane calmo mentre un estraneo si avvicina o durante una visita in un nuovo luogo, offrigli un bocconcino e un elogio verbale per rafforzare quel comportamento.

La coerenza e l'esposizione graduale sono fondamentali per una socializzazione di successo. Presenta il tuo pastore tedesco a una varietà di persone, inclusi uomini, donne, bambini e individui di età e aspetto diversi. Ogni nuovo incontro offre al tuo cane l'opportunità di imparare che le persone sono amichevoli e non qualcosa di cui aver paura. Incoraggia le interazioni gentili e scoraggia il gioco violento o l'attenzione eccessiva.

È anche importante esporre il tuo pastore tedesco ad ambienti diversi durante vari momenti della giornata e in condizioni diverse. Le passeggiate al mattino, al pomeriggio e alla sera possono aiutare il tuo cane ad adattarsi a diversi livelli di illuminazione e attività. Anche l'esposizione a diverse condizioni meteorologiche, come pioggia o neve, può essere utile, poiché aiuta il tuo cane a sentirsi a proprio agio nei cambiamenti ambientali.

Quando introduci il tuo pastore tedesco in ambienti affollati o rumorosi, inizia con visite brevi e aumenta gradualmente la durata man mano che il tuo cane si sente più a suo agio. Strade affollate, mercati contadini e trasporti pubblici sono esempi di ambienti che potrebbero richiedere un'acclimatazione graduale. Tieni d'occhio le reazioni del tuo cane e, se sembra sopraffatto, rimuovilo con calma dalla situazione e riprova più tardi.

La socializzazione dovrebbe essere un processo continuo per tutta la vita del tuo pastore tedesco. Esporre regolarmente il tuo cane a nuove persone, luoghi ed esperienze aiuta a mantenere le sue abilità sociali e previene la regressione. Partecipare a un corso di addestramento per cani o a un asilo nido per cani può offrire ulteriori opportunità al tuo cane di interagire con gli altri in un ambiente controllato.

Anche presentare il tuo pastore tedesco a diverse superfici e trame è un aspetto importante della socializzazione. Camminare su erba, ghiaia, sabbia e marciapiede aiuta il tuo cane a sentirsi a proprio agio con le varie superfici sotto le zampe. Questa esposizione riduce la probabilità di esitazione o paura quando si incontrano superfici sconosciute in futuro.

Incorporare esercizi di addestramento nelle uscite di socializzazione può migliorare ulteriormente la sicurezza e l'adattabilità del tuo pastore tedesco. Esercitati con comandi come "seduto", "resta" e "lascialo" in diversi ambienti per rafforzarne l'affidabilità. Le sessioni di addestramento in nuovi ambienti aiutano il tuo cane a concentrarsi e a seguire le istruzioni nonostante le distrazioni, costruendo la sua obbedienza e sicurezza generale.

Per aiutare il tuo pastore tedesco a sentirsi più a suo agio nei nuovi ambienti, porta con sé oggetti familiari come il suo giocattolo preferito o una coperta. Questi articoli forniscono comfort e rassicurazione, rendendo più agevole la transizione verso nuovi luoghi. Inoltre, mantenere un atteggiamento calmo e fiducioso è essenziale, poiché i cani spesso rispecchiano le emozioni dei loro proprietari. Se rimani calmo e rilassato, è più probabile che il tuo pastore tedesco si senta sicuro e fiducioso.

Quando presenti il tuo pastore tedesco ai bambini, assicurati che le interazioni siano supervisionate e positive. Insegnare ai bambini ad avvicinarsi al cane con calma e delicatezza, evitando movimenti bruschi o rumori forti. Incoraggia i bambini a offrire dolcetti e lodi per un comportamento calmo, aiutando il tuo cane ad associare i bambini a esperienze positive. È importante insegnare sia al cane che ai bambini come interagire in modo sicuro e rispettoso.

Per i cani che potrebbero aver perso la socializzazione precoce o che mostrano paura o ansia in nuove situazioni, la desensibilizzazione graduale può essere efficace. Inizia con esposizioni brevi e controllate a nuove persone o ambienti, utilizzando dolcetti di alto valore e rinforzi positivi per creare associazioni positive. Nel tempo, man mano che il tuo cane si sentirà più a suo agio, potrai aumentare la durata e la complessità delle esposizioni. Consultarsi con un addestratore di cani o un comportamentista professionista può fornire ulteriori strategie e supporto per socializzare un pastore tedesco anziano o pauroso.

Presentare il tuo pastore tedesco a nuove persone e ambienti richiede pazienza, coerenza e rinforzo positivo. Fornendo una varietà di esperienze positive, aiuti il tuo cane a sviluppare la sicurezza e le abilità necessarie per navigare nel mondo con calma e sicurezza. La socializzazione regolare per tutta la vita assicura che il tuo pastore tedesco rimanga ben adattato, amichevole e adattabile, rendendolo una gioia essere in giro in ogni situazione. Con dedizione ed esperienze positive, il tuo pastore tedesco può diventare un compagno educato e fiducioso, pronto ad affrontare nuove avventure e sfide.

CAPITOLO 5

Tecniche di formazione avanzata

Insegnare comandi avanzati

Insegnare comandi avanzati al tuo pastore tedesco non solo migliora la sua obbedienza, ma mantiene anche la sua mente impegnata e rafforza il tuo legame con lui. Comandi avanzati come "prendi", "scuoti" e "rotola" possono essere insegnati utilizzando tecniche di rinforzo positivo, che rendono il processo di apprendimento piacevole sia per te che per il tuo cane.

Iniziando con "prendi", questo comando non solo è divertente ma fornisce anche un eccellente esercizio fisico. Inizia scegliendo un giocattolo che piace al tuo pastore tedesco, come una palla o un peluche. Tieni il giocattolo in mano e attira l'attenzione del tuo cane mostrandoglielo. Una volta che hai concentrato la loro attenzione, lancia il giocattolo a breve distanza e pronuncia la parola "recupera". Inizialmente, il tuo cane potrebbe non capire cosa fare, quindi è importante essere paziente. Quando il tuo cane va a prendere il giocattolo, lodalo con entusiasmo e usa dei dolcetti come ricompensa. Se il tuo cane non riporta indietro il giocattolo, puoi guidarlo delicatamente verso di te mentre tieni il giocattolo e poi premiarlo.

Ripeti questo esercizio più volte, aumentando gradualmente la distanza a cui lanci il giocattolo. La coerenza è fondamentale, quindi esercitati in sessioni brevi e frequenti per mantenere il tuo cane interessato e coinvolto. Col tempo, il tuo pastore tedesco capirà che andare a prendere il giocattolo e riportartelo si traduce in lodi e dolcetti.

Il comando "scuoti", noto anche come "zampa", è un trucco delizioso che impressiona le persone e rafforza l'obbedienza del tuo cane. Per insegnare questo comando, inizia facendo sedere il tuo cane di fronte a te. Tieni un bocconcino in mano e lascia che il tuo cane lo annusi, assicurandoti che sappia che ce l'hai. Chiudi la mano attorno al bocconcino e presentalo al tuo cane pronunciando la parola "scuoti" o "zampa". La maggior parte dei cani ti zampetterà istintivamente la mano per ottenere il premio. Quando il tuo cane alza la zampa, prendila delicatamente nella tua mano, lodalo e dagli il premio.

Esercitati più volte e presto il tuo cane assocerà la parola "scuotere" o "zampa" al sollevamento della zampa. A poco a poco, puoi eliminare gradualmente il premio e usare solo lodi verbali e coccole come ricompensa. Questo trucco non è solo divertente, ma rafforza anche la capacità del tuo cane di seguire i comandi e concentrarsi su di te.

Il comando "rotola" può essere un po' più impegnativo, ma è un ottimo modo per coinvolgere la mente e il corpo del tuo cane. Inizia facendo sdraiare il tuo pastore tedesco. Tieni un bocconcino vicino al naso e spostalo lentamente con un movimento circolare verso la spalla. Mentre la testa segue il bocconcino, il corpo inizierà naturalmente a rotolare. Incoraggia questo movimento usando il comando "rotola" mentre lo guidi con il bocconcino. Quando il tuo cane completa il tiro, lodalo con entusiasmo e dagli il premio.

Potrebbero essere necessari diversi tentativi affinché il tuo cane capisca il movimento. Se necessario, suddividi il processo in passaggi più piccoli, premiando ogni tiro parziale con lodi e dolcetti. Sii paziente ed esercitati costantemente in brevi sessioni per mantenere il tuo cane motivato. Col tempo, il tuo pastore tedesco sarà in grado di ribaltarsi a comando, dimostrando la sua agilità e reattività.

Oltre a questi comandi specifici, l'addestramento avanzato può includere una varietà di esercizi che mettono alla prova la mente e il corpo del tuo cane.

L'addestramento all'agilità, ad esempio, prevede di insegnare al tuo cane a percorrere un percorso a ostacoli, migliorandone la coordinazione fisica e l'obbedienza. Puoi organizzare un semplice percorso nel tuo giardino con oggetti come coni, tunnel e salti, guidando il tuo cane attraverso il percorso usando dolcetti e lodi.

L'addestramento all'olfatto è un'altra attività avanzata che sfrutta le capacità naturali del tuo pastore tedesco. Questo addestramento prevede di insegnare al tuo cane a identificare e localizzare odori specifici. Inizia scegliendo un profumo distinto, come un pezzo di stoffa con un odore unico. Nascondi l'oggetto profumato in un luogo facile da trovare e incoraggia il tuo cane a cercarlo utilizzando un comando come "trovalo". Quando il tuo cane individua l'oggetto, ricompensalo con lodi e dolcetti. Aumenta gradualmente la difficoltà nascondendo l'oggetto in luoghi più difficili.

L'addestramento avanzato all'obbedienza può anche includere insegnare al tuo cane a rispondere ai segnali manuali oltre ai comandi verbali. Ad esempio, puoi associare il comando "seduto" a un gesto della mano specifico. Esercitati a usare solo il segnale manuale e premia il tuo cane quando risponde correttamente. Questa formazione è particolarmente utile in ambienti rumorosi in cui i comandi verbali potrebbero non essere uditi chiaramente.

Durante tutti gli esercizi di formazione avanzata, è fondamentale mantenere un atteggiamento positivo e paziente. I cani imparano meglio quando l'addestramento è divertente e gratificante. Evita di usare punizioni o rinforzi negativi, poiché questi metodi possono causare paura e confusione. Concentrati invece sul premiare il buon comportamento e sul rendere piacevoli le sessioni di formazione.

L'addestramento avanzato non solo migliora l'obbedienza e l'agilità mentale del tuo pastore tedesco, ma rafforza anche la tua relazione. Le sessioni di addestramento forniscono tempo di legame di qualità e ti aiutano a stabilirti come leader agli occhi del tuo cane. Questo ruolo di leadership è importante per mantenere il rispetto del tuo cane e garantire che segua i comandi in modo affidabile.

Insegnare comandi avanzati come "prendi", "scuoti" e "rotola" al tuo pastore tedesco migliora la sua obbedienza e la stimolazione mentale. Utilizzando tecniche di rinforzo positivo, pazienza e coerenza, puoi guidare il tuo cane attraverso questi esercizi, rendendo il processo di apprendimento piacevole per entrambi. L'integrazione di una varietà di attività di addestramento avanzate mantiene il tuo cane impegnato e reattivo, trasformandolo in un compagno ben educato e felice.

Addestramento dei clicker e modellamento dei comportamenti

L'addestramento con Clicker è un metodo potente ed efficace per insegnare al tuo pastore tedesco una vasta gamma di comportamenti e abilità. Questa tecnica di addestramento si basa sull'uso di un clicker, un piccolo dispositivo che emette un suono distinto, per contrassegnare i comportamenti desiderati. Associando il suono del clic a una ricompensa, solitamente un dolcetto, puoi comunicare in modo chiaro e preciso con il tuo cane, aiutandolo ad apprendere nuovi comandi e comportamenti più rapidamente.

Il principio alla base dell'addestramento con il clicker è semplice: il clicker funge da indicatore per far sapere al tuo cane che ha fatto qualcosa nel momento esatto in cui esegue il comportamento desiderato. Questo feedback immediato è fondamentale perché aiuta il tuo cane a capire esattamente quale azione viene premiata. Il suono del clicker è unico e coerente, rendendolo uno strumento ideale per la comunicazione.

Per iniziare l'addestramento con il clicker con il tuo pastore tedesco, devi prima "caricare" il clicker. Ciò significa creare un'associazione tra il suono del clic e una ricompensa. Inizia in un ambiente tranquillo con distrazioni minime. Tieni il clicker in una mano e i dolcetti nell'altra. Premi il clicker e dai subito un dolcetto al tuo cane. Ripeti questa procedura più volte finché il tuo cane non inizia a cercare un premio non appena sente il clic. Questo passaggio aiuta il tuo cane a capire che il suono del clicker significa che sta arrivando una ricompensa.

Una volta che il tuo cane associa il clicker ai dolcetti, puoi iniziare a usarlo per modellare comportamenti specifici. Il modellamento implica la scomposizione di un comportamento complesso in passaggi più piccoli e gestibili e la ricompensa del cane per ogni successiva approssimazione verso il comportamento finale. Ad esempio, se vuoi insegnare al tuo cane a rotolarsi, potresti iniziare cliccando e trattando per sdraiarsi, poi gradualmente cliccando e trattando per girare la testa di lato, poi per rotolare su un fianco e infine per completare il movimento. rotolo completo.

L'addestramento con Clicker può essere utilizzato per insegnare sia i comandi di base che quelli avanzati. Ad esempio, se vuoi insegnare al tuo pastore tedesco a sedersi, puoi aspettare che il tuo cane si sieda naturalmente, quindi fare clic e premiare. Dopo alcune ripetizioni, il tuo cane inizierà a capire che sedersi guadagna una ricompensa. Puoi quindi aggiungere un segnale verbale, come "seduto", appena prima che il tuo cane si sieda, e fare clic e premiare quando obbedisce. Col tempo, il tuo cane imparerà a sedersi a comando.

Allo stesso modo, puoi utilizzare l'addestramento con i clicker per insegnare comportamenti più complessi, come recuperare oggetti o eseguire trucchi. La chiave è suddividere il comportamento in passaggi più piccoli e utilizzare il clicker per contrassegnare e premiare ogni tentativo riuscito. Ad esempio, se vuoi che il tuo cane vada a prendere un giocattolo, inizia cliccando e trattando per qualsiasi interesse per il giocattolo, poi per raccoglierlo e infine per riportartelo.

Uno dei vantaggi del clicker training è la sua capacità di modellare comportamenti precisi. Poiché il clicker fornisce un feedback immediato, ti consente di contrassegnare anche piccoli movimenti o azioni, aiutando il tuo cane a capire esattamente cosa si aspetta. Questa precisione è particolarmente utile per addestrare comportamenti che richiedono posizionamento o tempistica specifici.

L'addestramento con Clicker è utile anche per insegnare al tuo pastore tedesco a svolgere compiti a distanza. Una volta che il tuo cane ha compreso i comandi di base, puoi utilizzare il clicker per aumentare gradualmente la distanza tra te e il tuo cane mantenendo il comportamento desiderato. Ad esempio, se stai insegnando al tuo cane a restare, puoi iniziare cliccando e trattando per starti vicino, quindi aumentare gradualmente la distanza e la durata della permanenza prima di cliccare e trattare.

Un altro aspetto importante dell'addestramento con il clicker è l'uso del rinforzo variabile. Inizialmente, farai clic e tratterai ogni volta che il tuo cane esegue il comportamento desiderato. Una volta che il tuo cane risponde in modo affidabile al comando, puoi iniziare a variare il programma di rinforzo, a volte cliccando e trattando e talvolta usando semplicemente lodi verbali. Questa variabilità aiuta a mantenere l'interesse e la motivazione del tuo cane, poiché non sa mai esattamente quando arriverà la ricompensa.

L'addestramento con Clicker non è solo efficace ma anche un modo divertente e coinvolgente per addestrare il tuo pastore tedesco. L'approccio di rinforzo positivo aiuta a costruire un forte legame tra te e il tuo cane, creando un ambiente di apprendimento positivo. Questo metodo incoraggia il tuo cane a pensare e a risolvere i problemi, migliorando la sua agilità mentale e sicurezza.

Oltre a insegnare comandi specifici, l'addestramento con i clicker può essere utilizzato per modificare comportamenti indesiderati. Ad esempio, se il tuo cane salta addosso alle persone, puoi utilizzare il clicker per premiarli per aver tenuto tutte e quattro le zampe a terra. Contrassegnando e premiando costantemente il comportamento desiderato, puoi aiutare il tuo cane a capire cosa ci si aspetta e ridurre le azioni indesiderate.

È importante essere pazienti e coerenti quando si utilizza l'addestramento con clicker. Le sessioni di addestramento dovrebbero essere brevi, soprattutto all'inizio, per evitare che il cane si annoi o si senta frustrato. Punta a diverse sessioni brevi durante il giorno anziché a una sessione lunga. Concludi sempre con una nota positiva, con il tuo cane che esegue con successo un comportamento e riceve una ricompensa.

L'addestramento con Clicker è un modo efficace e divertente per modellare comportamenti e abilità specifici nei pastori tedeschi. Utilizzando il clicker per fornire un feedback immediato e associandolo a un rinforzo positivo, puoi comunicare chiaramente con il tuo cane e aiutarlo ad apprendere in modo rapido e preciso. Che tu stia insegnando comandi di base o trucchi avanzati, l'addestramento con il clicker offre un approccio preciso, coinvolgente e positivo all'addestramento del cane che rafforza il legame tra te e il tuo compagno canino.

Risoluzione dei problemi attraverso esercizi di formazione

Gli esercizi di addestramento possono svolgere un ruolo cruciale nell'affrontare i problemi comportamentali o le sfide che possono sorgere durante il viaggio di addestramento del tuo pastore tedesco. Questi esercizi si concentrano sul reindirizzamento positivo del comportamento e sul rafforzamento delle azioni desiderate attraverso pratica strutturata e coerenza.

Una sfida comportamentale comune è l'abbaiare eccessivo. I pastori tedeschi sono noti per il loro istinto protettivo, che a volte può manifestarsi come vocalizzazione eccessiva. Per risolvere questo problema, è possibile utilizzare una tecnica chiamata allenamento "silenzioso". Inizia creando un ambiente tranquillo in cui le distrazioni siano ridotte al minimo. Quando il tuo cane inizia ad abbaiare, digli con calma "zitto" e attendi un momento di silenzio, anche se breve. Premia immediatamente questo silenzio con lodi e dolcetti. Aumenta gradualmente la durata del silenzio prima di premiare. La pratica costante dimostra che stare in silenzio si traduce in un rinforzo positivo, aiutando a ridurre l'abbaiare eccessivo nel tempo.

Un'altra sfida è tirare il guinzaglio durante le passeggiate. Molti pastori tedeschi sono energici e forti, quindi tirare il guinzaglio è un problema comune. Per risolvere questo problema, incorpora esercizi di "camminata al guinzaglio" nella tua routine. Inizia in un ambiente tranquillo e familiare con distrazioni minime. Tieni il guinzaglio senza stringere e incoraggia il tuo cane a camminare accanto a te. Se il tuo cane inizia a tirare, smetti di camminare e aspetta che allenti la tensione del guinzaglio. Una volta fatto, riprendi a camminare e ricompensalo con lodi e dolcetti per aver camminato senza tirare. La coerenza e la pazienza sono fondamentali; aumentare gradualmente la difficoltà esercitandosi in ambienti più distraenti.

L'ansia da separazione può anche essere una sfida per i pastori tedeschi, che sono leali e si legano fortemente ai loro proprietari. Per aiutare il tuo cane ad affrontare la solitudine, pratica l'"addestramento alla separazione". Inizia lasciando il tuo cane da solo per brevi periodi in uno spazio sicuro e confortevole, come un trasportino o un'area designata. Aumentare gradualmente la durata della separazione, ritornando sempre con calma, senza fare troppe storie. Usa giocattoli o dolcetti per creare associazioni positive con la solitudine. Col tempo, il tuo cane imparerà che la separazione è temporanea e non è qualcosa di cui preoccuparsi.

Se il tuo pastore tedesco mostra un comportamento masticatorio distruttivo, fornisci sbocchi adeguati al suo istinto masticatorio attraverso l'addestramento con i giocattoli da masticare. Introduci giocattoli da masticare durevoli che siano sicuri da rosicchiare per il tuo cane. Incoraggiali a masticare questi giocattoli offrendo lodi e dolcetti occasionali quando interagiscono con loro. Reindirizza qualsiasi comportamento masticatorio inappropriato rimuovendo con calma l'oggetto e sostituendolo con un giocattolo da masticare. La coerenza nel fornire sbocchi adeguati per la masticazione aiuta a prevenire la formazione di abitudini distruttive.

Per i pastori tedeschi inclini a saltare addosso alle persone, pratica l'addestramento "quattro a terra".

Inizia ignorando il tuo cane quando salta in piedi, poiché qualsiasi attenzione (anche negativa) può rafforzare il comportamento. Invece, saluta o riconosci il tuo cane solo quando tutte e quattro le zampe sono a terra. Premia immediatamente questo comportamento con attenzioni, lodi e dolcetti. La coerenza tra i membri della famiglia e i visitatori è essenziale per rafforzare l'aspettativa di saluti educati.

Per affrontare la sovraeccitazione o l'iperattività, pratica "esercizi di calma". Inizia insegnando al tuo cane a sistemarsi a comando in un ambiente tranquillo e poco stimolato. Usa un tappetino o un posto designato dove il tuo cane può rilassarsi. Incoraggiatelo a sdraiarsi e premiate il comportamento calmo con lodi e dolcetti. Aumenta gradualmente la durata della calma prima di premiare. La pratica costante insegna al tuo cane a controllare i livelli di eccitazione e a rimanere calmo in varie situazioni.

Gli esercizi di formazione sono strumenti preziosi per affrontare le sfide comportamentali nei pastori tedeschi. Comprendendo le ragioni alla base del comportamento e utilizzando costantemente tecniche di rinforzo positivo, puoi reindirizzare e modificare efficacemente il comportamento del tuo cane. Ogni esercizio mira a promuovere comportamenti desiderabili e rafforzare il legame tra te e il tuo pastore tedesco attraverso sessioni di allenamento strutturate, coinvolgenti e gratificanti.

CAPITOLO 6

Modifica del comportamento

Comprendere e correggere i comportamenti indesiderati

I pastori tedeschi, come tutti i cani, a volte possono mostrare comportamenti indesiderati come abbaiare e scavare eccessivamente. Capire perché si verificano questi comportamenti è il primo passo per correggerli. Affrontando le cause profonde e utilizzando strategie efficaci, puoi aiutare il tuo cane a sviluppare comportamenti più accettabili.

L'abbaiare eccessivo è un problema comune tra i pastori tedeschi. Sono cani naturalmente protettivi e vigili, spesso abbaiano per avvisare i loro proprietari di potenziali minacce o per esprimere eccitazione. Tuttavia, abbaiare costantemente può essere problematico. Per risolvere questo problema, devi capire cosa fa scattare l'abbaiare del tuo cane. I fattori scatenanti più comuni includono noia, ansia, istinti territoriali e comportamenti di ricerca di attenzione.

Se il tuo cane abbaia per noia, può essere utile aumentare la sua stimolazione fisica e mentale. I pastori tedeschi sono cani attivi e intelligenti che richiedono esercizio fisico regolare e sfide mentali. Le passeggiate quotidiane, il gioco e i giocattoli interattivi possono tenerli occupati e ridurre l'abbaiare indotto dalla noia. Inoltre, le sessioni di allenamento che coinvolgono la loro mente e insegnano loro nuovi comandi o trucchi possono essere molto utili.

L'abbaiare indotto dall'ansia si verifica spesso quando un cane viene lasciato solo per lunghi periodi. Questo tipo di abbaiare è solitamente accompagnato da altri segni di ansia da separazione, come comportamenti distruttivi o sporcizia in casa. Per alleviare l'ansia, crea un ambiente confortevole per il tuo cane quando sei lontano. Ciò può includere lasciarli con i loro giocattoli preferiti, un capo di abbigliamento che trasporta il tuo profumo o ascoltare musica rilassante. Anche abituare gradualmente il tuo cane alla solitudine, lasciandolo per brevi periodi e aumentando gradualmente la durata, può aiutare a ridurre l'ansia.

L'abbaiare territoriale avviene quando il tuo cane percepisce qualcuno o qualcosa come una minaccia per il suo territorio. Questo può essere risolto gestendo l'ambiente del tuo cane e addestrandolo a rispondere in modo diverso. Bloccare la vista di potenziali fattori scatenanti, come chiudere le persiane o usare pellicole smerigliate, può aiutare a ridurre l'abbaiare territoriale. Inoltre, addestrare il cane a rispondere a un comando "silenzioso" può essere efficace. Quando il tuo cane abbaia, dì con calma "zitto" e attendi una pausa nell'abbaiare. Premiali immediatamente con un premio e una lode. Con costanza, il tuo cane imparerà ad associare il comando allo smettere di abbaiare.

L'abbaiare per ricerca di attenzione si verifica quando un cane abbaia per attirare l'attenzione del suo proprietario. È importante non rinforzare questo comportamento dandogli l'attenzione che cerca quando abbaia. Aspetta invece un momento di silenzio prima di prestare loro attenzione o una ricompensa. Anche insegnare al tuo cane il comando "zitto" può essere utile in questa situazione.

Scavare è un altro comportamento indesiderato comune, spesso guidato dall'istinto naturale del cane. I pastori tedeschi possono scavare per noia, per creare un posto fresco dove sdraiarsi o per seppellire oggetti. Se il tuo cane sta scavando per noia, fornire più stimolazione fisica e mentale può aiutare. Assicurati che facciano molto esercizio fisico e abbiano accesso a giocattoli coinvolgenti.

Se il tuo cane sta scavando per creare un posto fresco, assicurati che abbia un'area comoda e ombreggiata in cui rilassarsi. Anche fornire un punto designato per scavare, come una sabbiera, può essere una soluzione. Incoraggia il tuo cane a scavare in quest'area seppellendo giocattoli o dolcetti da fargli trovare. Lodali e premiali quando usano il posto designato invece di altre aree.

A volte i cani scavano per scappare da un cortile. Per evitare ciò, assicurati che la recinzione sia sicura e valuta la possibilità di seppellire la rete metallica o di posizionare grandi rocce lungo la linea di recinzione per scoraggiare gli scavi. Addestrare il tuo cane a rispondere a comandi come "lascialo" può anche aiutare a reindirizzare il suo comportamento quando lo sorprendi a scavare.

Le tecniche di modificazione del comportamento implicano una combinazione di formazione, gestione ambientale e risoluzione delle cause alla base del comportamento. La coerenza e la pazienza sono fondamentali. Rafforzare il comportamento positivo con ricompense e lodi incoraggerà il tuo cane a ripetere quei comportamenti.

Oltre a queste strategie, l'addestramento all'obbedienza di base gioca un ruolo cruciale nella modificazione del comportamento. Comandi come "siediti", "resta", "vieni" e "lascialo" possono aiutare a gestire e reindirizzare comportamenti indesiderati. Ad esempio, se il tuo cane inizia ad abbaiare, usare i comandi "seduto" e "resta" può reindirizzare la sua attenzione e aiutarlo a calmarsi.

Se riscontri problemi comportamentali persistenti che trovi difficili da gestire, può essere utile cercare l'aiuto di un addestratore di cani professionista o di un comportamentista. Possono fornire una guida personalizzata e sviluppare un piano di addestramento su misura per le esigenze specifiche del tuo cane.

Comprendere le ragioni alla base di comportamenti indesiderati come l'abbaiare eccessivo e lo scavare nei pastori tedeschi è essenziale per una correzione efficace. Affrontando le cause alla radice, fornendo un'adeguata stimolazione fisica e mentale e utilizzando tecniche di addestramento coerenti, puoi aiutare il tuo cane a sviluppare comportamenti più accettabili. Pazienza, rinforzo positivo e talvolta una guida professionale possono garantire una relazione armoniosa tra te e il tuo pastore tedesco, portando a un compagno ben educato e felice.

Affrontare l'ansia da separazione

L'ansia da separazione è un problema comune tra i pastori tedeschi, che si manifesta come angoscia e problemi comportamentali quando vengono lasciati soli. Comprendere l'ansia da separazione e adottare strategie efficaci può aiutare a ridurre l'ansia del tuo cane e promuovere la sua indipendenza, rendendo il tempo trascorso lontano più gestibile per entrambi.

I pastori tedeschi sono noti per il loro forte legame con i loro proprietari, che li rende più inclini a provare ansia da separazione. Questa ansia può portare a una serie di comportamenti, tra cui abbaiare eccessivo, piagnucolare, masticare in modo distruttivo, scavare, tentativi di fuga e persino sporcare la casa. Questi comportamenti non sono atti di sfida ma piuttosto segni di sofferenza del tuo cane quando viene separato da te.

Per iniziare ad affrontare l'ansia da separazione, è essenziale creare un ambiente sicuro e confortevole per il tuo pastore tedesco. Inizia designando un'area specifica della tua casa in cui il tuo cane si sente sicuro. Potrebbe trattarsi di una gabbia, di una stanza specifica o di un angolo accogliente attrezzato con il suo letto, i suoi giocattoli e alcuni dei tuoi vestiti che portano il tuo profumo. La presenza del tuo profumo può fornire conforto e rassicurazione.

La desensibilizzazione graduale è un metodo chiave per ridurre l'ansia da separazione. Ciò implica abituare lentamente il tuo cane a stare da solo per periodi di tempo crescenti. Inizia lasciando il tuo cane da solo solo per pochi minuti, quindi prolunga gradualmente la durata. È importante mantenere la calma ed evitare partenze o arrivi drammatici, poiché potrebbero aumentare l'ansia del tuo cane. Quando esci, usa un tono calmo e neutro e quando torni, saluta il tuo cane in silenzio finché non si sarà calmato.

Stabilire una routine coerente può anche aiutare il tuo pastore tedesco a sentirsi più sicuro. I cani prosperano grazie alla prevedibilità, quindi cerca di mantenere un programma regolare per l'alimentazione, le passeggiate e il gioco. Questa routine aiuta il tuo cane a capire quando aspettarsi determinate attività e può ridurre l'ansia fornendo un senso di stabilità.

Fornire un'ampia stimolazione fisica e mentale è fondamentale per un cane incline all'ansia da separazione. Un cane ben esercitato ha meno probabilità di provare ansia e di assumere comportamenti distruttivi. Assicurati che il tuo pastore tedesco faccia molto esercizio fisico attraverso passeggiate, corse e sessioni di gioco quotidiane. I giocattoli interattivi e gli alimentatori di puzzle possono tenere impegnata la loro mente e fornire ulteriore stimolazione mentale.

L'addestramento al trasportino può essere uno strumento efficace per gestire l'ansia da separazione se eseguito correttamente. Il trasportino dovrebbe essere introdotto come uno spazio positivo e sicuro, non come una forma di punizione. Abitua gradualmente il tuo cane al trasportino incoraggiandolo a esplorarlo da solo, usando dolcetti e lodi per creare un'associazione positiva. Inizia con brevi periodi di trasporto mentre sei a casa e prolunga gradualmente il tempo man mano che il tuo cane si sente più a suo agio.

Per alcuni cani, il rumore di fondo può essere confortante quando sono soli. Lasciare la radio o la televisione accesa a basso volume può fornire un senso di presenza e ridurre la sensazione di isolamento. Esistono anche brani musicali e video appositamente progettati per i cani che mirano a calmarli e calmarli durante i periodi di separazione.

Anche insegnare la tua indipendenza da pastore tedesco attraverso esercizi di addestramento può essere utile. Esercitati con comandi come "resta" e aumenta gradualmente la distanza e la durata. Premia il tuo cane per essere rimasto calmo e rilassato. Questo addestramento aiuta il tuo cane ad acquisire fiducia nella propria capacità di stare da solo.

Se l'ansia da separazione del tuo pastore tedesco è grave, potresti prendere in considerazione l'idea di chiedere l'aiuto di un addestratore di cani professionista o di un comportamentalista veterinario. Questi esperti possono fornire consigli su misura e sviluppare un piano completo di modificazione del comportamento che soddisfi le esigenze specifiche del tuo cane.

In alcuni casi, il veterinario può raccomandare farmaci anti-ansia. Questi farmaci possono aiutare a ridurre i livelli di ansia del tuo cane, rendendo più efficaci le tecniche di modificazione del comportamento. I farmaci dovrebbero essere sempre usati insieme ad un addestramento comportamentale e sotto la guida di un veterinario.

Un altro consiglio pratico è quello di evitare addii e ricongiungimenti troppo emotivi. Quando ti prepari a partire, mantieni la calma e la compostezza. Evita di fare storie o di prestare troppa attenzione prima di partire. Allo stesso modo, quando torni, mantieni i tuoi saluti in tono basso finché il tuo cane non si sarà calmato. Questo aiuta a prevenire l'aumento della loro ansia per le partenze e gli arrivi.

L'uso di giocattoli interattivi, come quelli che distribuiscono dolcetti o quelli da masticare, può tenere il tuo cane occupato e distratto mentre sei lontano. Questi giocattoli forniscono stimolazione mentale e possono aiutare ad alleviare la noia e l'ansia. Assicurati di ruotare i giocattoli per mantenere il tuo cane interessato e impegnato.

Addestrare il tuo pastore tedesco ad associare la solitudine a esperienze positive è un'altra strategia efficace. Ad esempio, puoi regalare al tuo cane un dolcetto speciale o il suo giocattolo preferito solo quando esci di casa. Con il passare del tempo, il tuo cane inizierà ad associare le tue partenze a ricompense positive, riducendo la sua ansia.

È importante ricordare che ridurre l'ansia da separazione richiede tempo e pazienza. La coerenza e il progresso graduale sono fondamentali. Festeggia le piccole vittorie e sii paziente con le battute d'arresto. Con dedizione e le giuste strategie, puoi aiutare il tuo pastore tedesco a sentirsi più a suo agio nella solitudine e a ridurre la sua ansia.

L'ansia da separazione nei pastori tedeschi può essere gestita attraverso una combinazione di creazione di un ambiente sicuro, desensibilizzazione graduale, mantenimento di una routine coerente, stimolazione fisica e mentale e utilizzo di rinforzi positivi. Pazienza e coerenza sono essenziali e cercare un aiuto professionale quando necessario può supportare ulteriormente i tuoi sforzi. Affrontando efficacemente l'ansia da separazione, puoi aiutare il tuo pastore tedesco a sviluppare la fiducia e l'indipendenza di cui ha bisogno per affrontare la solitudine, rendendolo un cane più felice e rilassato.

Tecniche per la gestione della paura e dell'aggressività

La paura e l'aggressività sono comportamenti difficili che possono verificarsi nei pastori tedeschi, spesso derivanti da una varietà di cause come socializzazione inadeguata, esperienze traumatiche o predisposizioni genetiche. Gestire questi comportamenti richiede un approccio attento e positivo per garantire il benessere e la sicurezza sia del cane che di chi lo circonda. Comprendere e affrontare le cause profonde, impiegare rinforzi positivi e utilizzare tecniche di modificazione del comportamento può gestire e ridurre efficacemente la paura e l'aggressività nei pastori tedeschi.

I comportamenti basati sulla paura nei pastori tedeschi possono manifestarsi come rannicchiarsi, tremare, abbaiare eccessivamente, ringhiare o tentare di fuggire. Identificare i fattori scatenanti che causano paura nel tuo cane è il primo passo per gestire questi comportamenti. I fattori scatenanti più comuni includono rumori forti, ambienti non familiari, altri animali e estranei. Una volta identificati i fattori scatenanti, puoi lavorare per desensibilizzare gradualmente il tuo cane ad essi.

La desensibilizzazione comporta l'esposizione del cane allo stimolo che induce paura in modo controllato e graduale, iniziando con un'intensità bassa e aumentandola gradualmente man mano che il cane si sente più a suo agio. Ad esempio, se il tuo cane ha paura dei rumori forti, puoi iniziare ascoltando le registrazioni del rumore a un volume molto basso mentre coinvolgi il tuo cane in un'attività positiva, come giocare con il suo giocattolo preferito o dargli dei dolcetti. Aumenta gradualmente il volume nel tempo, assicurandoti che il tuo cane rimanga calmo e rilassato durante tutto il processo. Questo aiuta il tuo cane a costruire un'associazione positiva con lo stimolo che precedentemente induceva paura.

Il controcondizionamento è un'altra tecnica efficace che consiste nel modificare la risposta emotiva del tuo cane a un fattore scatenante associandolo a qualcosa di positivo. Ad esempio, se il tuo cane ha paura degli estranei, puoi chiedere a un amico o un familiare, che il tuo cane non conosce bene, di dargli dei dolcetti a distanza. Nel corso del tempo, man mano che il tuo cane inizia ad associare gli estranei a esperienze positive, la sua risposta alla paura diminuirà. È importante procedere al ritmo del tuo cane ed evitare di spingerlo troppo velocemente, il che può esacerbare la sua paura.

L'aggressività nei pastori tedeschi può essere diretta verso persone, altri cani o situazioni specifiche. Può manifestarsi come un ringhio, uno schiocco, un morso o un affondo. L'aggressività spesso deriva dalla paura, dall'istinto territoriale o dalla frustrazione. Gestire l'aggressività implica una combinazione di formazione, gestione ambientale e, in alcuni casi, ricerca di un aiuto professionale.

Uno dei principi fondamentali nella gestione dell'aggressività è evitare metodi basati sulla punizione. La punizione può aumentare la paura e l'aggressività, portando a un ciclo di comportamenti negativi. Concentrati invece sul rinforzo positivo per premiare i comportamenti desiderabili e creare fiducia con il tuo cane. Quando il tuo cane mostra un comportamento calmo e non aggressivo in presenza di un fattore scatenante, ricompensalo con dolcetti, lodi o momenti di gioco. Ciò rafforza l'idea che mantenere la calma porta a risultati positivi.

Comandi di addestramento come "siediti", "resta" e "lascialo" possono essere strumenti preziosi per gestire l'aggressività. Questi comandi aiutano a reindirizzare l'attenzione del tuo cane lontano dal grilletto e verso di te. Ad esempio, se il tuo cane diventa aggressivo nei confronti degli altri cani mentre passeggia, insegnargli a sedersi e restare quando un altro cane si avvicina può aiutarlo a rimanere calmo e concentrato su di te. Un addestramento e un rinforzo costanti sono fondamentali per garantire che il tuo cane risponda in modo affidabile a questi comandi.

Anche l'uso di una tecnica chiamata "allenamento di adattamento comportamentale" (BAT) può essere efficace nella gestione dell'aggressività. La BAT implica consentire al tuo cane di fare delle scelte e imparare che può evitare il grilletto mostrando un comportamento calmo. Ad esempio, se il tuo cane diventa aggressivo quando un altro cane si avvicina, puoi dargli la possibilità di allontanarsi dal grilletto premiandolo per essere rimasto calmo. Ciò consente al tuo cane di fare scelte migliori e riduce la sua dipendenza dall'aggressività come risposta.

La gestione ambientale è fondamentale per prevenire incidenti aggressivi. Ciò può comportare l'uso di barriere come cancelli o gabbie per bambini per separare il tuo cane da potenziali fattori scatenanti, specialmente in situazioni in cui il suo comportamento potrebbe intensificarsi. Garantire che il tuo cane abbia uno spazio sicuro e protetto in cui ritirarsi quando si sente sopraffatto può anche aiutare a gestire i suoi livelli di stress.

In caso di grave paura o aggressività, si consiglia di chiedere l'aiuto di un addestratore di cani professionista o di un comportamentalista veterinario. Questi esperti possono valutare il comportamento del tuo cane, sviluppare un piano di modifica del comportamento personalizzato e fornire indicazioni sull'attuazione efficace del piano. Possono anche aiutare a identificare eventuali condizioni mediche di base che potrebbero contribuire al comportamento del tuo cane.

Costruire la fiducia del tuo cane è un altro aspetto importante nella gestione della paura e dell'aggressività. Impegnarsi in attività che promuovano esperienze positive e costruiscano la propria sicurezza in se stessi. L'addestramento all'agilità, le lezioni di obbedienza e i giochi interattivi possono aiutare il tuo cane a sviluppare nuove abilità e ad acquisire fiducia nelle proprie capacità. Più esperienze positive ha il tuo cane, più resiliente diventerà di fronte a situazioni che inducono paura.

La pazienza e la coerenza sono essenziali quando si gestiscono la paura e l'aggressività nei pastori tedeschi. I progressi possono essere lenti e possono verificarsi battute d'arresto, ma mantenere un approccio calmo e positivo alla fine produrrà risultati migliori. Festeggia le piccole vittorie e mantieni il tuo impegno ad aiutare il tuo cane a superare le sue paure e le sue tendenze aggressive.

Gestire la paura e l'aggressività nei pastori tedeschi richiede un approccio globale che includa la comprensione delle cause profonde, l'impiego di tecniche di desensibilizzazione e controcondizionamento, l'uso del rinforzo positivo e l'implementazione di strategie efficaci di formazione e gestione ambientale. Evitare metodi basati sulla punizione e cercare un aiuto professionale quando necessario è fondamentale per garantire la sicurezza e il benessere sia del tuo cane che di coloro che lo circondano. Con pazienza, coerenza e attenzione alla costruzione di esperienze positive, puoi aiutare il tuo pastore tedesco a diventare un compagno fiducioso e ben adattato.

CAPITOLO 7

Formazione per attività specifiche

Allenamento di agilità per pastori tedeschi

L'addestramento all'agilità è un'attività eccellente per i pastori tedeschi, poiché fornisce sia esercizio fisico che stimolazione mentale. Questo tipo di addestramento prevede di guidare i cani attraverso una serie di ostacoli, come salti, tunnel, pali intrecciati e strutture ad A, in un ordine specifico. L'addestramento all'agilità non solo mantiene i pastori tedeschi in forma e in salute, ma aiuta anche a migliorare la loro coordinazione, equilibrio e capacità di risoluzione dei problemi. Inoltre, favorisce un legame più forte tra il cane e il suo proprietario attraverso il lavoro di squadra e la comunicazione.

I pastori tedeschi sono naturalmente atletici e intelligenti, il che li rende adatti all'allenamento di agilità. Il primo passo per introdurre il tuo pastore tedesco all'allenamento di agilità è assicurarti che sia in buona salute fisica. Una visita dal veterinario per un controllo approfondito è essenziale per escludere eventuali problemi di salute di base che potrebbero essere esacerbati dalle esigenze fisiche dell'allenamento di agilità. Una volta che il tuo cane è stato autorizzato all'attività, puoi iniziare il processo di addestramento.

Inizia con un addestramento di obbedienza di base per assicurarti che il tuo pastore tedesco abbia una solida base di comandi come sedersi, restare, venire e stare al piede. Questi comandi sono fondamentali per l'allenamento di agilità poiché aiutano a mantenere il controllo e garantire la sicurezza sul percorso. Tecniche di rinforzo positivo, come dolcetti, lodi e giochi, dovrebbero essere utilizzate per premiare il tuo cane per aver seguito i comandi e mostrato i comportamenti desiderati.

Quando introduci il tuo pastore tedesco all'attrezzatura per l'agilità, è importante adottare un approccio graduale. Inizia con un ostacolo alla volta, permettendo al tuo cane di familiarizzarsi con esso prima di passare a quello successivo. Ad esempio, puoi iniziare con un semplice salto. Per cominciare, usa una barra bassa e incoraggia il tuo cane a saltarci sopra usando dolcetti o un giocattolo preferito come esca. Loda e premia il tuo cane ogni volta che completa con successo il salto. Aumenta gradualmente l'altezza della barra man mano che il tuo cane diventa più sicuro e abile.

I tunnel sono un altro ostacolo comune nei percorsi di agilità. Per introdurre il tuo pastore tedesco in un tunnel, inizia accorciando il tunnel in modo che non sia troppo intimidatorio. Metti un dolcetto o un giocattolo all'ingresso del tunnel per invogliare il tuo cane ad entrare. Man mano che il tuo cane si sente a suo agio, estendi gradualmente la lunghezza del tunnel e continua a utilizzare il rinforzo positivo per incoraggiarlo a muoversi attraverso di esso.

I pali intrecciati possono essere difficili da padroneggiare per i cani, poiché richiedono movimenti e coordinazione precisi. Inizia posizionando una serie di pali in linea retta con spazio sufficiente tra loro affinché il tuo cane possa spostarsi. Usa dei dolcetti o un bastoncino bersaglio per guidare il tuo cane attraverso i pali, premiandolo per ogni passaggio riuscito. Col tempo, puoi ridurre la distanza tra i pali e aumentare la velocità con cui il tuo cane si muove attraverso di essi.

Il telaio ad A è un ostacolo più grande e complesso che richiede al tuo cane di arrampicarsi su un lato e scendere dall'altro. Per introdurre il tuo cane al telaio ad A, inizia con il telaio posizionato ad un angolo basso. Usa dei dolcetti o un giocattolo preferito per incoraggiare il tuo cane a arrampicarsi sul telaio, premiandolo per i suoi sforzi. Aumenta gradualmente l'angolo del telaio man mano che il tuo cane acquisisce sicurezza e abilità.

Oltre agli ostacoli fisici, i corsi di allenamento sull'agilità spesso includono comandi direzionali come "sinistra", "destra" e "attraverso". Insegnare al tuo pastore tedesco questi comandi può aiutarlo a percorrere il percorso in modo più efficiente. Inizia esercitandoti con questi comandi in un ambiente privo di distrazioni, usando dolcetti e lodi per premiare il tuo cane per aver seguito le indicazioni. Una volta che il tuo cane ha compreso i comandi, incorporali nelle tue sessioni di allenamento di agilità.

Le sessioni di addestramento all'agilità dovrebbero essere brevi e coinvolgenti per mantenere l'interesse e l'entusiasmo del tuo cane. Obiettivo per sessioni da 10 a 15 minuti, aumentando gradualmente la durata man mano che la resistenza e le abilità del tuo cane migliorano. Termina sempre le sessioni di addestramento con una nota positiva, premiando il tuo cane con momenti di gioco, dolcetti o affetto.

La sicurezza è una considerazione fondamentale nell'allenamento di agilità. Assicurarsi che tutta l'attrezzatura sia installata e fissata correttamente per evitare incidenti o lesioni. Supervisiona sempre il tuo cane durante le sessioni di addestramento e sii consapevole delle sue condizioni fisiche. Se il tuo cane mostra segni di stanchezza o disagio, prenditi una pausa e lascialo riposare.

L'allenamento di agilità offre numerosi benefici oltre alla forma fisica e alla stimolazione mentale. Può aiutare a ridurre i problemi comportamentali fornendo uno sbocco per l'energia in eccesso e incanalando gli istinti naturali del tuo cane in attività produttive. L'aspetto della risoluzione dei problemi dell'addestramento all'agilità aiuta anche ad aumentare la fiducia e la sicurezza di sé del tuo cane.

Per i proprietari, l'addestramento all'agilità è un'opportunità per approfondire il legame con il proprio pastore tedesco attraverso il lavoro di squadra e la comunicazione. Il processo di apprendimento e di superamento delle sfide insieme favorisce un senso di fiducia e rispetto reciproco. È anche un ottimo modo per incontrare altri proprietari di cani e diventare parte di una comunità solidale.

Partecipare a gare di agilità può essere un'esperienza gratificante sia per te che per il tuo pastore tedesco. Questi eventi offrono l'opportunità di mostrare le abilità del tuo cane e celebrare i suoi risultati. Anche se non competi, l'ambiente strutturato e il cameratismo dei corsi di formazione e delle sessioni di pratica possono essere molto utili.

L'allenamento di agilità è un'attività eccellente per i pastori tedeschi che migliora la loro forma fisica, coordinazione e acutezza mentale. Adottando un approccio graduale e positivo, puoi introdurre il tuo cane all'attrezzatura per l'agilità e aiutarlo a sviluppare le competenze necessarie per affrontare con successo un percorso. I benefici dell'allenamento di agilità si estendono oltre l'aspetto fisico, fornendo stimolazione mentale, rafforzamento della fiducia e rafforzamento del legame tra te e il tuo cane. Che sia per competizione o per divertimento personale, l'addestramento all'agilità è uno sforzo appagante e divertente sia per te che per il tuo pastore tedesco.

Esercizi di monitoraggio e lavoro sul profumo

Gli esercizi di localizzazione e di lavoro con l'olfatto sono attività meravigliose per i pastori tedeschi, poiché coinvolgono le loro capacità e i loro istinti naturali. Questi esercizi non solo forniscono stimolazione mentale, ma consentono anche ai cani di usare il loro eccezionale senso dell'olfatto per risolvere problemi e seguire le tracce. Il lavoro di tracciamento e olfatto è un modo eccellente per sfidare la mente e il corpo di un pastore tedesco, migliorando il suo benessere generale e rafforzando il legame tra cane e proprietario.

I pastori tedeschi hanno un incredibile senso dell'olfatto, che è molto più potente di quello degli umani. Questo acuto senso dell'olfatto li rende eccellenti nel lavoro di tracciamento e olfatto. Queste attività imitano i compiti per cui venivano originariamente allevati i pastori tedeschi, come la pastorizia e il lavoro in varie capacità come ricerca e salvataggio, lavoro di polizia e ruoli militari. Impegnandoti nel lavoro di localizzazione e olfatto, stai attingendo agli istinti e alle capacità naturali del tuo pastore tedesco, consentendogli di svolgere compiti che gli vengono naturali.

Il monitoraggio implica insegnare al tuo pastore tedesco a seguire una scia olfattiva specifica lasciata da una persona o un oggetto. Questo può essere fatto in vari ambienti, dai campi erbosi agli ambienti urbani. Per iniziare a seguire gli esercizi, avrai bisogno di un lungo guinzaglio, di un'imbracatura e di alcuni dolcetti o giocattoli che il tuo cane ama. Inizia tracciando un semplice sentiero in un'area familiare. Puoi usare un pezzo di stoffa o un oggetto con il tuo profumo sopra. Trascina l'oggetto lungo il terreno, creando una scia olfattiva e lascialo alla fine della scia.

Con il tuo pastore tedesco al guinzaglio lungo, guidalo fino al punto di partenza del sentiero e dai loro un comando, come "trovalo" o "traccia". Incoraggiateli ad annusare il terreno e a seguire la scia olfattiva. Mentre il tuo cane segue il sentiero, lodalo e premialo con dei dolcetti o con il suo giocattolo preferito alla fine del sentiero. Questo rinforzo positivo aiuterà il tuo cane ad associare il monitoraggio a un'esperienza gratificante. Aumenta gradualmente la lunghezza e la complessità dei percorsi man mano che il tuo cane diventa più abile.

Il lavoro sugli odori, o lavoro sul naso, è un altro eccellente esercizio che si concentra sulla capacità del tuo pastore tedesco di identificare e localizzare odori specifici. Questa attività può essere svolta all'interno o all'esterno e richiede un'attrezzatura minima. Per iniziare gli esercizi di lavoro sui profumi, avrai bisogno di alcuni piccoli contenitori, come bicchieri o scatole di plastica, e di un profumo target. Puoi usare oli essenziali come lavanda o anice, oppure un profumo con cui il tuo cane ha familiarità, come un pezzo del suo dolcetto preferito.

Inizia posizionando il profumo target in uno dei contenitori e nascondendolo in un luogo semplice. Incoraggia il tuo cane ad annusare i contenitori e a trovare quello con l'odore. Usa un comando come "trovalo" e premia il tuo cane con dolcetti o lodi quando riesce a individuare l'odore. Man mano che il tuo cane diventa più abile, aumenta la difficoltà nascondendo l'odore in luoghi più difficili e introducendo odori diversi da identificare.

Sia gli esercizi di localizzazione che quelli di lavoro sull'olfatto hanno numerosi vantaggi per i pastori tedeschi. Queste attività forniscono stimolazione mentale, essenziale per una razza nota per la sua intelligenza e gli alti livelli di energia. Impegnarsi nel lavoro di tracciamento e olfatto può aiutare a ridurre la noia e prevenire problemi comportamentali che derivano dalla mancanza di attività mentale e fisica. Questi esercizi promuovono anche le capacità di risoluzione dei problemi e aumentano la sicurezza del tuo cane mentre completa con successo le attività.

Inoltre, il monitoraggio e il lavoro sull'olfatto sono ottimi modi per migliorare il legame tra te e il tuo pastore tedesco. Lavorare insieme su queste attività richiede comunicazione, fiducia e lavoro di squadra. Mentre guidi il tuo cane attraverso esercizi di localizzazione e fiuto, svilupperai una comprensione più profonda delle sue capacità e dei suoi istinti, rafforzando la tua relazione.

Il monitoraggio e il lavoro sull'olfatto possono anche essere abilità pratiche che hanno applicazioni nel mondo reale. I pastori tedeschi addestrati al monitoraggio possono assistere nelle missioni di ricerca e salvataggio, nell'individuazione di persone scomparse o nel ritrovamento di oggetti smarriti. Il lavoro sugli odori può essere utilizzato in vari ruoli di rilevamento, come l'identificazione di sostanze specifiche o l'assistenza in attività di allerta medica. Anche se non segui una formazione professionale, questi esercizi possono comunque fornire un senso di scopo e soddisfazione al tuo cane.

Quando si eseguono esercizi di localizzazione e lavoro sull'olfatto, è importante mantenere le sessioni positive e divertenti per il tuo pastore tedesco. Usa molti elogi, dolcetti e giochi per premiare i loro sforzi e successi. Mantieni le sessioni di allenamento brevi e coinvolgenti per mantenere l'interesse e l'entusiasmo del tuo cane. La coerenza e la pazienza sono fondamentali, poiché potrebbe essere necessario del tempo affinché il tuo cane sviluppi completamente le proprie capacità di tracciamento e olfatto.

La sicurezza è un'altra considerazione importante. Assicurati che l'ambiente in cui conduci esercizi di localizzazione e fiuto sia sicuro e privo di pericoli. Sorveglia sempre il tuo cane e usa l'attrezzatura adeguata, come un'imbracatura e un guinzaglio lungo, per mantenere il controllo e prevenire incidenti.

Gli esercizi di localizzazione e di lavoro sull'olfatto sono molto utili per i pastori tedeschi, sfruttando le loro capacità e i loro istinti naturali. Queste attività forniscono stimolazione mentale, esercizio fisico e opportunità di risoluzione dei problemi, migliorando il benessere generale del tuo cane. Impegnandoti nel lavoro di localizzazione e olfatto, puoi rafforzare il legame con il tuo pastore tedesco, ridurre la noia e prevenire problemi comportamentali. Che sia per scopi divertenti o pratici, il lavoro di tracciamento e olfatto è attività gratificanti e appaganti che consentono al tuo pastore tedesco di prosperare.

Sport e competizioni canine

Gli sport e le competizioni canine sono strade fantastiche per i pastori tedeschi per mostrare le loro capacità fisiche, intelligenza e versatilità. Questi eventi non solo forniscono uno sbocco all'energia sconfinata della razza, ma rafforzano anche il legame tra il cane e il suo proprietario attraverso il lavoro di squadra e il raggiungimento reciproco. I pastori tedeschi, con la loro agilità, forza e voglia di lavorare, eccellono in vari sport e competizioni canine. Partecipare a queste attività può essere incredibilmente gratificante sia per il cane che per il proprietario, offrendo numerosi benefici che vanno oltre l'emozione della competizione.

Uno degli sport canini più popolari tra i pastori tedeschi è l'agilità. Le gare di agilità prevedono il superamento di una serie di ostacoli, come salti, tunnel, pali intrecciati e altalene, in un ordine specifico ed entro un limite di tempo prestabilito. Questo sport richiede un'eccellente coordinazione tra cane e conduttore, poiché il conduttore guida il cane attraverso il percorso utilizzando comandi verbali e linguaggio del corpo. I pastori tedeschi eccellono nell'agilità grazie alla loro velocità, agilità e capacità di apprendimento rapido. L'addestramento per l'agilità implica insegnare al tuo cane a comprendere e seguire i comandi in modo accurato mentre supera gli ostacoli. È fondamentale iniziare con un addestramento di obbedienza di base per garantire che il tuo cane risponda bene ai comandi prima di introdurre l'attrezzatura per l'agilità. Un addestramento graduale e coerente, con molti rinforzi positivi, può aiutare il tuo pastore tedesco a diventare abile nell'agilità.

Un'altra area in cui i pastori tedeschi brillano sono le gare di obbedienza. Le prove di obbedienza mettono alla prova la capacità di un cane di eseguire una serie di compiti con precisione e accuratezza.

Queste attività possono variare da comandi di base come sedersi e restare a comandi più avanzati come il recupero di oggetti specifici o l'esecuzione di routine complesse. L'intelligenza e la volontà di compiacere i pastori tedeschi li rendono ottimi candidati per le gare di obbedienza. La formazione per le prove di obbedienza richiede una solida base nelle abilità di obbedienza di base, seguita da una formazione avanzata per affinare comportamenti specifici. Coerenza, pazienza e rinforzo positivo sono fondamentali per un addestramento all'obbedienza di successo.

Lo Schutzhund, noto anche come IGP (Internationale Gebrauchshunde Prüfungsordnung), è uno sport che mette alla prova le capacità di tracciamento, obbedienza e protezione di un cane. Originariamente sviluppato in Germania per testare i cani da lavoro, lo Schutzhund è diventato uno sport competitivo popolare in tutto il mondo. I pastori tedeschi sono particolarmente adatti per Schutzhund a causa del loro naturale istinto protettivo, forza e capacità di addestramento. L'addestramento per Schutzhund prevede esercizi rigorosi che mettono alla prova le capacità di tracciamento di un cane, l'obbedienza ai comandi e la capacità di proteggere e difendere. È uno sport impegnativo che richiede dedizione e competenza sia da parte del conduttore che del cane. Unirsi a un club Schutzhund o lavorare con un allenatore esperto può fornire una guida e un supporto preziosi nella preparazione a queste competizioni.

La pastorizia è un altro campo in cui i pastori tedeschi eccellono, a causa delle loro origini come cani da pastore. Le prove di pastorizia simulano i compiti che un cane da pastore svolgerebbe in una fattoria, come raccogliere, spostare e controllare il bestiame. Queste prove mettono alla prova la capacità del cane di seguire i comandi, lavorare in modo indipendente e prendere decisioni durante la gestione del bestiame. L'intelligenza, l'agilità e l'istinto di pastore dei pastori tedeschi li rendono ottimi candidati per le competizioni di pastorizia.

L'addestramento per la pastorizia implica esporre il cane al bestiame e insegnargli a rispondere ai comandi di pastorizia. Lavorare con pastori esperti e partecipare a cliniche di pastorizia può aiutare te e il tuo cane a sviluppare le competenze necessarie per le prove di pastorizia.

Anche il lavoro sugli odori e le gare di tracciamento sono popolari tra i pastori tedeschi. Queste competizioni implicano l'individuazione di profumi specifici o il seguire tracce olfattive su vari terreni. L'eccezionale senso dell'olfatto e le naturali capacità di tracciamento dei pastori tedeschi li rendono partecipanti eccezionali a questi eventi. L'addestramento per il lavoro sugli odori implica insegnare al tuo cane a identificare e localizzare odori specifici, mentre l'addestramento al monitoraggio si concentra sul seguire le tracce olfattive lasciate da persone o oggetti. Iniziare con esercizi di base per l'identificazione degli odori e aumentare gradualmente la complessità dei compiti può aiutare il tuo pastore tedesco a eccellere in queste competizioni.

Oltre a questi sport tradizionali, i pastori tedeschi possono anche partecipare ad attività più moderne e divertenti come il flyball e le immersioni in banchina. Flyball è una corsa a staffetta in cui i cani saltano sopra gli ostacoli, attivano una scatola caricata a molla per rilasciare una pallina da tennis e tornano di corsa al loro conduttore con la palla. È uno sport ad alta energia che combina velocità, agilità e lavoro di squadra. L'immersione in banchina, d'altra parte, prevede che i cani saltino da un molo in uno specchio d'acqua, gareggiando per la distanza o l'altezza. Entrambi questi sport forniscono un eccellente esercizio fisico e stimolazione mentale per i pastori tedeschi.

L'addestramento per qualsiasi sport o competizione canina richiede dedizione, pazienza e costanza. È essenziale iniziare con solide basi nell'obbedienza di base e introdurre gradualmente le competenze specifiche necessarie per questo sport. Le tecniche di rinforzo positivo, come dolcetti, lodi e gioco, possono motivare il tuo pastore tedesco e rendere piacevole l'addestramento. È anche importante mantenere le sessioni di addestramento brevi e coinvolgenti per mantenere l'interesse e l'entusiasmo del tuo cane.

La partecipazione a sport e competizioni canine offre numerosi vantaggi oltre al brivido della competizione. Queste attività forniscono uno sbocco salutare per l'energia del tuo cane, riducono i problemi comportamentali e migliorano la forma fisica generale. Offrono anche stimolazione mentale, che è fondamentale per le razze intelligenti come i pastori tedeschi. Inoltre, competere negli sport cinofili rafforza il legame tra te e il tuo cane, poiché lavorate insieme verso obiettivi comuni e celebrate i vostri risultati.

I pastori tedeschi eccellono in vari sport e competizioni canine grazie alla loro intelligenza, agilità e abilità naturali. Che si tratti di agilità, obbedienza, Schutzhund, pastorizia, lavoro con l'olfatto, flyball o immersioni in banchina, queste attività forniscono un'eccellente stimolazione fisica e mentale per il tuo cane. La formazione per questi eventi richiede dedizione, costanza e rinforzo positivo, ma le ricompense valgono lo sforzo. Partecipando agli sport canini, puoi migliorare il benessere del tuo pastore tedesco, rafforzare il tuo legame e goderti l'eccitazione e il cameratismo della comunità cinofila competitiva.

CAPITOLO 8

Salute e benessere

Mantenere la salute fisica del tuo pastore tedesco attraverso l'esercizio

Mantenere la salute fisica del tuo pastore tedesco attraverso un regolare esercizio fisico è essenziale per garantire il suo benessere generale e la sua longevità. I pastori tedeschi sono una razza molto attiva ed energica che richiede un'ampia attività fisica per rimanere sana, felice e ben educata. Senza sufficiente esercizio fisico, questi cani possono annoiarsi, essere ansiosi e potenzialmente sviluppare problemi comportamentali. Comprendendo le loro specifiche esigenze di esercizio e implementando una routine coerente, puoi aiutare il tuo pastore tedesco a prosperare sia fisicamente che mentalmente.

I pastori tedeschi sono noti per la loro forza, agilità e resistenza, che li rendono adatti a varie attività fisiche. L'esercizio quotidiano è fondamentale per prevenire l'obesità, che può portare a una serie di problemi di salute come problemi articolari, malattie cardiache e diabete. Un pastore tedesco ben allenato avrà un sistema immunitario più forte, una migliore salute cardiovascolare e muscoli e ossa più robusti. Inoltre, l'esercizio fisico regolare può migliorare la loro salute mentale, riducendo i livelli di ansia e stress e migliorando la qualità generale della vita.

Una delle forme di esercizio più basilari ed efficaci per i pastori tedeschi è camminare. Si consiglia una passeggiata quotidiana di almeno un'ora per fornire loro l'attività fisica necessaria. Le passeggiate dovrebbero essere vivaci e coinvolgenti, consentendo al tuo cane di esplorare il suo ambiente mentre si allena bene. Variare il percorso e incorporare terreni diversi può aggiungere varietà alle loro passeggiate, mantenendoli stimolati anche mentalmente. Durante le passeggiate, è importante utilizzare un guinzaglio e un'imbracatura robusti per garantire sicurezza e controllo, soprattutto in aree trafficate o sconosciute.

Oltre a camminare, correre è un altro ottimo modo per soddisfare le esigenze di esercizio del tuo pastore tedesco. Questi cani hanno la resistenza e la velocità per godersi una bella corsa, sia al tuo fianco mentre fai jogging o in uno spazio aperto e sicuro dove possono correre liberamente. La corsa fornisce un allenamento intenso che aiuta a costruire muscoli, migliorare la salute cardiovascolare e rilasciare energia repressa. Se corri con il tuo cane, assicurati di iniziare lentamente e di aumentare gradualmente la distanza e il ritmo per evitare uno sforzo eccessivo, in particolare nei cani giovani o anziani.

Giocare al riporto è un ottimo modo per combinare l'esercizio fisico con la stimolazione mentale. I pastori tedeschi sono recuperatori naturali e amano la sfida di inseguire e recuperare oggetti. Questa attività può essere svolta nel tuo cortile, in un parco o in qualsiasi area aperta sicura. Usando una palla, un frisbee o altri giocattoli per cani, puoi coinvolgere il tuo pastore tedesco in un allenamento divertente e interattivo. Il recupero non solo aiuta a bruciare energia, ma rafforza anche i comandi di obbedienza come "siediti", "resta" e "vieni". È un modo fantastico per mantenere attivo il tuo cane rafforzando il tuo legame con lui.

Il nuoto è un'altra eccellente opzione di esercizio per i pastori tedeschi. Il nuoto fornisce un allenamento a basso impatto che non danneggia le articolazioni, rendendolo particolarmente utile per i cani con artrite o displasia dell'anca. Aiuta a costruire resistenza, rafforzare i muscoli e migliorare la salute cardiovascolare. Molti pastori tedeschi amano l'acqua, quindi introdurli al nuoto può essere sia piacevole che benefico. Assicurati sempre che il nuoto avvenga in acque sicure e pulite e controlla sempre il tuo cane per evitare incidenti.

Incorporare l'allenamento di agilità nella routine di esercizi del tuo pastore tedesco può fornire stimolazione sia fisica che mentale. I corsi di agilità, che includono ostacoli come salti, tunnel e pali intrecciati, mettono alla prova la coordinazione, la velocità e le capacità di risoluzione dei problemi del tuo cane. Questo tipo di allenamento aiuta a migliorare la forma fisica, la flessibilità e l'agilità generale. Promuove anche un forte legame tra te e il tuo cane mentre lavorate insieme per percorrere il percorso. Molte comunità offrono corsi e club di agilità in cui puoi allenarti e competere con il tuo pastore tedesco.

Per coloro che amano le avventure all'aria aperta, l'escursionismo è un modo fantastico per esercitare il tuo pastore tedesco. L'escursionismo fornisce un allenamento per tutto il corpo ed espone il tuo cane a nuovi panorami, suoni e odori, che possono essere mentalmente stimolanti. Scegli percorsi adatti al livello di forma fisica del tuo cane e passa gradualmente a escursioni più impegnative. Assicurati che il tuo cane sia ben idratato e considera l'utilizzo di uno zaino per cani per consentirgli di trasportare le sue provviste, aggiungendo un ulteriore livello di esercizio e responsabilità.

I giocattoli interattivi e i puzzle sono un altro ottimo modo per mantenere il tuo pastore tedesco attivo fisicamente e mentalmente. Questi giocattoli possono includere puzzle con distribuzione di dolcetti, palline interattive e corde da tiro alla fune. Forniscono stimolazione mentale, prevengono la noia e incoraggiano l'attività fisica. Incorporare questi giocattoli nella tua routine quotidiana può aiutare a intrattenere e coinvolgere il tuo cane, soprattutto durante i periodi in cui l'esercizio all'aperto potrebbe non essere possibile a causa delle condizioni meteorologiche o di altri fattori.

Anche il gioco regolare con altri cani può contribuire in modo significativo alla routine di esercizio del tuo pastore tedesco. Le interazioni sociali con altri cani in un ambiente controllato, come un parco per cani o un gruppo di gioco, forniscono uno sbocco salutare per l'attività fisica e aiutano a migliorare le loro abilità sociali. È importante monitorare queste interazioni per garantire che siano positive e sicure, soprattutto se il tuo cane non è abituato a giocare con gli altri.

Oltre all'esercizio strutturato, è essenziale incorporare sessioni di allenamento regolari nella routine del tuo pastore tedesco. L'allenamento non solo rafforza il buon comportamento ma fornisce anche stimolazione mentale. Comandi come "seduto", "resta", "al piede" e "porta" possono essere praticati durante le passeggiate, il gioco e altre attività, rafforzando l'obbedienza e mantenendo il cane mentalmente impegnato.

È importante adattare la routine di esercizi del tuo pastore tedesco alle sue esigenze individuali. Fattori come età, salute e livelli di energia dovrebbero essere considerati quando si pianificano le proprie attività. I cuccioli e i cani giovani possono richiedere sessioni di esercizio più brevi e più frequenti, mentre i cani più anziani possono trarre beneficio da attività più delicate come il nuoto o piacevoli passeggiate. Consulta sempre il tuo veterinario per assicurarti che la tua routine di esercizi sia adeguata alle esigenze specifiche e alle condizioni di salute del tuo cane.

Mantenere la salute fisica del tuo pastore tedesco attraverso un regolare esercizio fisico è fondamentale per il suo benessere generale. Incorporando una varietà di attività come camminare, correre, andare a prendere, nuotare, allenarsi per l'agilità, fare escursioni, giocattoli interattivi e giochi sociali, puoi garantire che il tuo cane rimanga in forma, sano e mentalmente stimolato. Un pastore tedesco ben esercitato è un compagno felice e ben educato che prospererà in tutti gli aspetti della vita.

Consigli nutrizionali e dietetici per pastori tedeschi attivi

Nutrire un pastore tedesco attivo con la dieta giusta è fondamentale per mantenere la sua salute, i livelli di energia e il benessere generale. I pastori tedeschi sono una razza grande e muscolosa con un elevato fabbisogno energetico, che richiede una dieta equilibrata che supporti le loro attività fisiche e promuova una salute ottimale. Una corretta alimentazione gioca un ruolo chiave nel garantire che rimangano in forma, sani e capaci di dare il meglio di sé, sia che lavorino, giochino o semplicemente siano un compagno fedele.

Una dieta ben bilanciata per un pastore tedesco attivo dovrebbe includere un mix di proteine, grassi, carboidrati, vitamine e minerali di alta qualità. Le proteine sono essenziali per lo sviluppo e la riparazione dei muscoli, rendendole un componente fondamentale della dieta del tuo cane. Le fonti di proteine di alta qualità includono pollo, manzo, agnello, pesce e uova. Quando scegli il cibo per cani commerciale, cerca opzioni in cui una fonte di carne denominata sia l'ingrediente principale, piuttosto che sottoprodotti della carne o riempitivi. Per coloro che preferiscono le diete fatte in casa, consultare un veterinario o un nutrizionista canino può aiutare a garantire che il proprio cane riceva tutti i nutrienti necessari.

I grassi sono un'altra parte vitale della dieta di un pastore tedesco, poiché forniscono una fonte concentrata di energia. I grassi sani, come quelli presenti nell'olio di pesce, nell'olio di semi di lino e nel grasso di pollo, supportano anche la salute della pelle e del pelo, riducono l'infiammazione e migliorano la funzione cerebrale. Tuttavia, è importante bilanciare l'assunzione di grassi per prevenire l'obesità, che può portare a una serie di problemi di salute. I pastori tedeschi attivi in genere necessitano di un contenuto di grassi più elevato nella loro dieta rispetto ai cani meno attivi per soddisfare il loro fabbisogno energetico, ma la quantità dovrebbe essere adattata al loro livello di attività e alle condizioni corporee.

I carboidrati forniscono energia aggiuntiva e sono importanti per un pastore tedesco attivo. I cereali integrali come il riso integrale, la farina d'avena e l'orzo sono eccellenti fonti di carboidrati, offrendo un rilascio prolungato di energia e importanti nutrienti. Anche verdure come patate dolci, piselli e carote possono contribuire all'apporto di carboidrati del tuo cane fornendo fibre, vitamine e minerali. La fibra è essenziale per una sana digestione e aiuta a mantenere un peso sano favorendo una sensazione di sazietà.

Vitamine e minerali sono fondamentali per la salute e il benessere generale. Supportano varie funzioni corporee, tra cui la risposta immunitaria, la salute delle ossa e i processi metabolici. Vitamine come A, D, E e del complesso B dovrebbero essere presenti nella dieta del tuo pastore tedesco. Sono importanti anche minerali come calcio, fosforo, potassio e magnesio. Molti alimenti per cani commerciali di alta qualità sono formulati per fornire questi nutrienti nelle proporzioni corrette. Per chi prepara pasti fatti in casa, garantire un apporto equilibrato di questi micronutrienti è fondamentale, richiedendo spesso l'uso di integratori.

L'idratazione è un altro aspetto chiave per mantenere la salute attiva di un pastore tedesco. Assicurati sempre che il tuo cane abbia accesso ad acqua fresca e pulita, soprattutto dopo l'esercizio. La disidratazione può portare a seri problemi di salute, quindi è fondamentale monitorare l'assunzione di acqua del tuo cane e incoraggiarlo a bere regolarmente. Durante i periodi di attività intensa, come correre o giocare quando fa caldo, potrebbe essere necessario fornire ulteriori pause per bere acqua per mantenere il cane ben idratato.

I programmi di alimentazione possono anche influire sulla salute e sui livelli di energia del tuo pastore tedesco. Dividere l'assunzione giornaliera di cibo in due o tre pasti aiuta a mantenere stabili i livelli di zucchero nel sangue e fornisce un apporto energetico costante durante tutta la giornata. Ciò è particolarmente importante per i cani attivi per evitare cali di energia e supportare prestazioni sostenute. Evita di dare da mangiare al tuo cane immediatamente prima o dopo un esercizio intenso, poiché ciò può portare a problemi digestivi come gonfiore o torsione gastrica, una condizione grave e potenzialmente pericolosa per la vita.

Quando selezioni il cibo per cani commerciale, considera le esigenze specifiche dei pastori tedeschi. Alcuni marchi offrono formulazioni su misura per razze di grandi dimensioni o cani attivi, che possono includere un contenuto più elevato di proteine e grassi, integratori aggiunti di supporto articolare come glucosamina e condroitina e ingredienti che promuovono la salute della pelle e del pelo. Leggere le etichette e comprendere il contenuto nutrizionale degli alimenti che si sceglie è fondamentale. Cerca alimenti privi di conservanti, coloranti e aromi artificiali, nonché quelli che evitano gli allergeni comuni come mais, grano e soia.

Oltre ai pasti regolari, dolcetti e spuntini possono essere una parte preziosa della dieta del tuo pastore tedesco, soprattutto per l'addestramento e il rinforzo positivo. Optare per prelibatezze sane e naturali che integrino la loro dieta principale. Gli snack dovrebbero essere somministrati con moderazione per evitare un'alimentazione eccessiva e un aumento di peso. Considera l'utilizzo di piccoli pezzi di carne cotta, frutta come mele e mirtilli o verdure come carote e fagiolini come snack nutrienti e ipocalorici.

Monitorare il peso e le condizioni corporee del tuo pastore tedesco è fondamentale per adattare la sua dieta secondo necessità. Controlli veterinari regolari possono aiutare a monitorare la salute del tuo cane e identificare tempestivamente eventuali carenze nutrizionali o problemi di salute. Il tuo veterinario può anche fornire indicazioni sulle dimensioni delle porzioni e sugli aggiustamenti dietetici in base all'età, al livello di attività e allo stato di salute del tuo cane. Tenere d'occhio le condizioni generali del tuo cane, inclusa la qualità del pelo, i livelli di energia e la consistenza delle feci, può fornire preziose informazioni su quanto la sua dieta soddisfa i suoi bisogni.

È importante notare che ogni pastore tedesco è unico e ciò che funziona per un cane potrebbe non funzionare per un altro. Fattori come l'età, il metabolismo, il livello di attività e lo stato di salute possono tutti influenzare le esigenze dietetiche. Essere attenti alle esigenze individuali del tuo cane ed essere disposto ad apportare le modifiche necessarie è la chiave per garantire che riceva la migliore alimentazione possibile.

Fornire un'alimentazione e una dieta adeguate a un pastore tedesco attivo è essenziale per la sua salute, le sue prestazioni e il suo benessere generale. Una dieta equilibrata ricca di proteine di alta qualità, grassi sani, carboidrati complessi, vitamine e minerali sosterrà i loro livelli di energia, lo sviluppo muscolare e la salute generale. Anche l'idratazione, i programmi di alimentazione adeguati e le prelibatezze salutari svolgono un ruolo importante nel mantenere una dieta completa. Prestando molta attenzione alle esigenze individuali del tuo cane e lavorando a stretto contatto con il tuo veterinario, puoi garantire che il tuo pastore tedesco rimanga un compagno sano, attivo e felice.

Pratiche di toelettatura e igiene

Mantenere un pastore tedesco pulito e confortevole implica pratiche di toelettatura e igiene regolari che soddisfino le sue esigenze specifiche. I pastori tedeschi hanno un doppio mantello, costituito da un sottopelo denso e un pelo esterno ruvido, che richiede cure costanti per mantenerne la salute e l'aspetto. Una corretta toelettatura non solo migliora il loro aspetto fisico, ma promuove anche la salute generale e previene vari problemi come opacità, infezioni della pelle e parassiti. Inoltre, l'attenzione alle cure dentistiche e alla pulizia delle orecchie è essenziale per mantenere il loro benessere generale.

La spazzolatura regolare è uno degli aspetti più importanti della toelettatura di un pastore tedesco. Il loro spesso doppio mantello perde tutto l'anno, con periodi di muta più intensi che si verificano in primavera e autunno. Spazzolare il pelo del tuo pastore tedesco più volte alla settimana aiuta a rimuovere i peli sciolti, ridurre la caduta e prevenire stuoie e grovigli. Usando una spazzola per lisciare o un rastrello per sottopelo puoi raggiungere efficacemente la loro folta pelliccia e rimuovere i peli morti. Per ottenere i migliori risultati, spazzola nella direzione della crescita dei peli, con delicatezza per evitare di irritare la pelle. Questa routine non solo mantiene il pelo sano, ma offre anche l'opportunità di verificare eventuali anomalie come grumi, protuberanze o irritazioni della pelle.

Fare il bagno a un pastore tedesco dovrebbe essere fatto secondo necessità, in genere ogni pochi mesi o quando diventa particolarmente sporco o puzzolente. Bagni eccessivi possono privare il pelo dei suoi oli naturali, provocando la secchezza della pelle e del pelo. Quando fai il bagno al tuo cane, usa uno shampoo appositamente formulato per cani, poiché gli shampoo umani possono essere troppo aggressivi e causare irritazione alla pelle. Assicurati che l'acqua sia tiepida e bagna accuratamente il pelo del tuo cane prima di applicare lo shampoo. Lavora lo shampoo fino a formare una schiuma e massaggialo delicatamente sul pelo, prestando particolare attenzione alle aree che tendono a diventare più sporche, come le zampe, la pancia e la coda. Risciacquare abbondantemente per rimuovere ogni traccia di shampoo, poiché eventuali residui possono causare prurito e irritazione. Dopo il bagno, asciuga il tuo cane con un asciugamano e, se necessario, usa un asciugacapelli in un ambiente fresco per garantire che il suo folto pelo si asciughi completamente.

Le cure dentistiche sono un altro aspetto cruciale della routine di toelettatura di un pastore tedesco. Una regolare igiene dentale aiuta a prevenire l'accumulo di placca e tartaro, che può portare a malattie gengivali, carie e alito cattivo. Lavare i denti del tuo cane più volte alla settimana, se non quotidianamente, è l'ideale. Usa uno spazzolino e un dentifricio specifici per cani, poiché il dentifricio umano può essere dannoso se ingerito. Introduci gradualmente lo spazzolamento dei denti, permettendo al tuo cane di abituarsi alla sensazione e al gusto. Inizia lasciandogli leccare il dentifricio dal dito, quindi passa a lavarsi delicatamente i denti con piccoli movimenti circolari. Prestare particolare attenzione ai denti posteriori, dove la placca tende ad accumularsi. Oltre a spazzolarlo, fornire prodotti da masticare e giocattoli dentali può aiutare a mantenere i denti del tuo cane puliti e le gengive sane.

Anche la pulizia delle orecchie è una parte importante della routine di toelettatura di un pastore tedesco. Le loro orecchie dovrebbero essere controllate regolarmente per individuare segni di sporco, accumulo di cerume o infezioni. Per pulire le orecchie del tuo cane, usa una soluzione detergente per le orecchie consigliata dal veterinario e batuffoli di cotone o tamponi. Evitare l'uso di bastoncini di cotone, poiché possono spingere ulteriormente i detriti nel condotto uditivo o causare lesioni. Solleva delicatamente il paraorecchie del tuo cane e pulisci con cura la parte visibile dell'orecchio con il batuffolo di cotone o il dischetto inumidito. Non inserire nulla in profondità nel condotto uditivo. La pulizia regolare delle orecchie aiuta a prevenire le infezioni alle orecchie e mantiene le orecchie del tuo cane sane.

Tagliare le unghie del tuo pastore tedesco è essenziale per prevenire la crescita eccessiva, che può portare a disagio, difficoltà a camminare e potenziali lesioni. La frequenza con cui devi tagliare le unghie del tuo cane dipende dal suo livello di attività e dalle superfici su cui cammina, ma una regola generale è tagliarle ogni poche settimane. Usa un paio di tagliaunghie per cani o una smerigliatrice appositamente progettata per i cani. Se il tuo cane ha le unghie chiare, tagliale subito prima del rosa vivo, che contiene vasi sanguigni e nervi. Per i cani con unghie scure, tagliare piccole quantità alla volta per evitare di tagliare il vivo. Se non sei sicuro o ti senti a disagio nel tagliare le unghie del tuo cane, un toelettatore professionista o un veterinario può aiutarti.

Pulire le zampe del tuo pastore tedesco è un'altra pratica igienica importante, soprattutto dopo le passeggiate o il gioco all'aperto. Le loro zampe possono raccogliere sporco, detriti e sostanze potenzialmente dannose come pesticidi o sale stradale. Pulisci le zampe con un panno umido o usa una soluzione detergente per zampe per rimuovere eventuali contaminanti. È anche importante ispezionare regolarmente le zampe per individuare eventuali tagli, abrasioni o corpi estranei come le spine. Mantenere tagliata la pelliccia tra i cuscinetti delle zampe può aiutare a prevenire i tappetini e ridurre il rischio di scivolare su superfici lisce.

Oltre a queste pratiche di toelettatura, controlli veterinari regolari sono vitali per mantenere la salute del tuo pastore tedesco. Le visite veterinarie di routine consentono la diagnosi precoce di potenziali problemi di salute e assicurano che il tuo cane sia aggiornato sulle vaccinazioni e sulla prevenzione dei parassiti. Il tuo veterinario può anche fornire indicazioni sulle pratiche di toelettatura e igiene su misura per le esigenze specifiche del tuo cane.

Addestrare il tuo pastore tedesco a godersi le sessioni di toelettatura fin dalla giovane età può rendere il processo più semplice e divertente per entrambi. Usa tecniche di rinforzo positivo, come dolcetti e lodi, per creare un'associazione positiva con le attività di toelettatura. Inizia con sessioni brevi e delicate e aumenta gradualmente la durata man mano che il tuo cane si sente più a suo agio.

Essere pazienti e gentili aiuta a creare fiducia e cooperazione, rendendo la toelettatura un'esperienza positiva.

Mantenere la cura e l'igiene di un pastore tedesco comporta la spazzolatura regolare, il bagno, le cure dentistiche, la pulizia delle orecchie, il taglio delle unghie e la pulizia delle zampe. Ognuna di queste pratiche svolge un ruolo cruciale nel mantenere il tuo cane pulito, confortevole e sano. Stabilendo una routine di toelettatura coerente e utilizzando gli strumenti e le tecniche appropriati, puoi garantire che il tuo pastore tedesco rimanga in ottime condizioni e goda di una vita felice e sana.

CAPITOLO 9

Costruire un legame forte

Rafforzare il legame attraverso attività di formazione

Costruire un forte legame con il tuo pastore tedesco è essenziale per creare una relazione armoniosa e appagante. Le attività di formazione sono un modo efficace per rafforzare questo legame, favorendo la fiducia, la comprensione e il rispetto reciproci. Attraverso un addestramento coerente e positivo, tu e il tuo pastore tedesco potete sviluppare una connessione profonda che migliora la vostra esperienza complessiva insieme.

La formazione fornisce interazioni strutturate che consentono a te e al tuo pastore tedesco di comunicare in modo efficace. Una comunicazione chiara è il fondamento di ogni relazione forte e la formazione offre un modo per stabilire e perfezionare questa comunicazione. Insegnando i comandi e le abilità del tuo pastore tedesco, stai creando una lingua che entrambi potete comprendere. Questa comprensione reciproca aiuta il tuo cane a sapere cosa ci si aspetta da lui e ti consente di guidare il suo comportamento in una direzione positiva. Ad esempio, insegnare comandi di base come sedersi, restare e venire non solo rende più semplice la gestione del cane, ma rafforza anche la sua fiducia nella tua leadership.

Il rinforzo positivo è un elemento chiave per una formazione efficace e per la costruzione di relazioni. Quando ricompensi il tuo pastore tedesco con dolcetti, lodi o giochi per eseguire i comandi, rinforzi i comportamenti desiderati e crei un'associazione positiva con le sessioni di allenamento. Questo approccio incoraggia il tuo cane a ripetere quei comportamenti e rafforza la sua fiducia in te. La coerenza è cruciale nel rinforzo positivo; Premiando costantemente il buon comportamento, il tuo cane impara che cooperare con te porta a risultati positivi. Questa interazione coerente e positiva approfondisce il tuo legame e migliora la volontà del tuo cane di impegnarsi nell'addestramento.

Partecipare ad attività di addestramento fornisce anche stimolazione mentale al tuo pastore tedesco, essenziale per il suo benessere. I pastori tedeschi sono cani molto intelligenti che prosperano nelle sfide mentali. Le sessioni di formazione offrono loro l'opportunità di usare il cervello, risolvere problemi e apprendere nuove competenze. Questo impegno mentale previene la noia e aiuta a prevenire problemi comportamentali che possono derivare da una mancanza di stimoli. Attività come insegnare al tuo cane nuovi trucchi, esercizi di agilità o lavori sull'olfatto mantengono attiva la sua mente e rafforzano il tuo ruolo di fornitore di esperienze divertenti e coinvolgenti.

L'esercizio fisico è un altro aspetto importante dell'allenamento che avvantaggia sia il tuo pastore tedesco che la tua relazione. Molte attività di addestramento comportano movimento fisico, che aiuta a mantenere il cane in forma e in salute. Attività come l'addestramento all'obbedienza, i corsi di agilità e i giochi di recupero offrono eccellenti opportunità di esercizio. L'attività fisica regolare aiuta a bruciare l'energia in eccesso, riducendo la probabilità di comportamenti distruttivi in casa. Quando partecipi insieme a queste attività, non solo soddisfi le esigenze di esercizio del tuo cane, ma crei anche esperienze condivise che rafforzano il tuo legame.

Le sessioni di formazione sono anche un ottimo modo per stabilire routine e confini, che contribuiscono a creare una relazione forte e di fiducia. I cani prosperano grazie alla routine e sanno cosa aspettarsi. Incorporando l'addestramento nella tua routine quotidiana, fornisci struttura e coerenza su cui il tuo pastore tedesco può fare affidamento.

Stabilire confini chiari attraverso l'addestramento aiuta il tuo cane a capire quali comportamenti sono accettabili e quali no. Questa chiarezza riduce la confusione e l'ansia, consentendo al tuo cane di sentirsi più sicuro nel suo ambiente. Un cane sicuro e fiducioso ha maggiori probabilità di fidarsi e legarsi al proprio proprietario.

La socializzazione è un'altra componente cruciale per costruire un forte legame attraverso le attività di formazione. Esporre il tuo pastore tedesco a persone, animali e ambienti diversi lo aiuta a diventare ben adattato e fiducioso. La socializzazione dovrebbe essere un'esperienza positiva, con un'esposizione graduale a nuove situazioni e interazioni controllate. Addestrare il tuo cane a rispondere in modo appropriato in vari contesti sociali aumenta la sua sicurezza e fiducia in te come guida. Un cane ben socializzato è più propenso a vivere una varietà di esperienze con te, dalle passeggiate nel parco alle visite con amici e familiari.

La pazienza e la comprensione svolgono un ruolo significativo nel processo di formazione e nella costruzione delle relazioni. L'allenamento richiede tempo e impegno e non tutte le sessioni andranno perfettamente. È importante affrontare la formazione con pazienza, riconoscendo che gli errori e gli insuccessi fanno parte del processo di apprendimento. Comprendere la personalità, i punti di forza e i punti deboli del tuo pastore tedesco ti consente di adattare il tuo approccio formativo alle sue esigenze. Quando il tuo cane vede che sei paziente e solidale, è più probabile che si fidi di te e sia motivato ad imparare.

Le attività di formazione offrono anche l'opportunità di osservare e comprendere il linguaggio del corpo e il comportamento del tuo pastore tedesco. Prestando molta attenzione ai loro segnali, puoi ottenere informazioni dettagliate sui loro sentimenti e bisogni. Questa comprensione ti consente di rispondere in modo appropriato, sia che fornisca conforto quando sono ansiosi o che li incoraggi quando sono eccitati. Essere in sintonia con la comunicazione non verbale del tuo cane rafforza la tua connessione e ti aiuta a soddisfare le sue esigenze in modo più efficace.

Incorporare il gioco nelle sessioni di allenamento aggiunge un elemento di divertimento e rafforza il vostro legame. Ai pastori tedeschi piace giocare e incorporare il gioco nell'addestramento rende l'apprendimento piacevole per loro. L'uso di giocattoli, giochi e interazioni ludiche come ricompensa mantiene le sessioni di allenamento vivaci e coinvolgenti. Il tempo di gioco non solo fornisce esercizio fisico, ma rafforza anche la connessione emotiva tra te e il tuo cane. Promuove un'associazione positiva con l'addestramento e fa sì che il tuo cane non veda l'ora di trascorrere del tempo con te.

In definitiva, l'obiettivo dell'addestramento non è solo insegnare comandi e comportamenti al tuo pastore tedesco, ma creare una relazione forte, fiduciosa e rispettosa. Le attività di formazione forniscono una piattaforma per comunicare, legare e condividere esperienze con il tuo cane. Investendo tempo e impegno nella formazione, stai costruendo una base di fiducia e comprensione reciproca che migliorerà la vostra vita insieme. Un pastore tedesco ben addestrato non è solo una gioia da avere, ma anche un compagno leale e fidato che si rivolge a te per ricevere guida e sostegno.

Partecipare ad attività di formazione è un modo efficace per rafforzare il legame tra te e il tuo pastore tedesco. Attraverso una formazione coerente e positiva, crei una comunicazione chiara, fornisci stimolazione mentale e fisica, stabilisci routine e confini e costruisci fiducia e comprensione. La pazienza, il gioco e l'osservazione rafforzano ulteriormente questo legame, dando vita a una relazione armoniosa e appagante. L'addestramento è molto più che insegnare semplicemente i comandi; è un viaggio di crescita reciproca e connessione che approfondisce il legame tra te e il tuo amato pastore tedesco.

Comunicazione e comprensione del linguaggio del corpo del tuo cane

Comprendere il linguaggio del corpo e le vocalizzazioni del tuo pastore tedesco è fondamentale per costruire una relazione forte e di fiducia. I cani comunicano principalmente attraverso il linguaggio del corpo e la capacità di leggere questi segnali aiuta a comprendere i loro bisogni, emozioni e intenzioni. Prestando attenzione al linguaggio del corpo del tuo pastore tedesco, puoi rispondere in modo appropriato e garantire il suo benessere.

Una delle parti più evidenti del linguaggio del corpo di un cane è la coda. La posizione e il movimento della coda possono dirti molto su come si sente il tuo pastore tedesco. Una coda che scodinzola spesso indica felicità ed eccitazione, ma la velocità e la direzione dello scodinzolio possono cambiarne il significato. Uno scodinzolio lento e basso potrebbe suggerire incertezza o cautela, mentre uno scodinzolio alto e veloce di solito significa che il cane è molto felice o eccitato. Una coda infilata tra le gambe è un segno di paura o sottomissione, indicando che il tuo cane si sente spaventato o ansioso.

Le orecchie sono un altro indicatore importante dell'umore di un cane. I pastori tedeschi hanno orecchie grandi ed espressive che possono muoversi in varie direzioni. Le orecchie tese in avanti e leggermente sollevate indicano vigilanza e interesse. Se le orecchie del tuo cane sono dritte e rivolte in avanti, probabilmente sono concentrate su qualcosa di specifico. Le orecchie appoggiate contro la testa di solito segnalano paura, ansia o sottomissione. Se le orecchie del tuo cane sono rilassate e in una posizione naturale, generalmente significa che sono calmi e contenti.

Anche gli occhi del tuo pastore tedesco possono comunicare molto. Gli occhi morbidi e rilassati con un battito di ciglia normale suggeriscono che il tuo cane è a suo agio e a suo agio. Il contatto visivo diretto può essere un segno di fiducia o di sfida, a seconda del contesto. Evitare il contatto visivo o avere gli occhi spalancati e fissi può indicare paura o stress. Presta attenzione all'espressione generale degli occhi del tuo cane; un cane felice avrà spesso uno sguardo rilassato e dolce.

La bocca e le espressioni facciali sono componenti chiave del linguaggio del corpo canino. Una bocca rilassata e leggermente aperta con la lingua sciolta di solito significa che il tuo cane è felice e rilassato. Se la bocca del tuo cane è chiusa ermeticamente o mostra i denti con un ringhio, può indicare aggressività o disagio. Sbadigliare, leccarsi le labbra o ansimare eccessivamente possono essere segnali di stress o ansia, soprattutto se questi comportamenti si verificano in situazioni in cui il cane potrebbe sentirsi a disagio.

La postura del corpo è un altro aspetto vitale per comprendere i sentimenti del tuo pastore tedesco. Un cane rilassato avrà una postura rilassata e comoda, con il peso distribuito uniformemente. Se il tuo cane sta in piedi con una postura rigida ed eretta, può indicare sicurezza o assertività. Al contrario, un cane che è accovacciato a terra, con la testa abbassata e la coda piegata, mostra sottomissione o paura. Presta attenzione se il tuo cane si inclina in avanti o all'indietro; sporgersi in avanti di solito indica interesse o entusiasmo, mentre sporgersi all'indietro può segnalare esitazione o cautela.

Anche le vocalizzazioni sono una parte importante della comunicazione canina. I pastori tedeschi sono noti per essere cani vocali e usano vari suoni per esprimere le loro emozioni e bisogni. Abbaiare è la forma più comune di vocalizzazione e può significare cose diverse a seconda del contesto. Un abbaio acuto e ripetitivo di solito indica eccitazione o desiderio di giocare, mentre un abbaio profondo e rapido può segnalare attenzione o avvertimento. Piagnucolare o piagnucolare spesso significa che il tuo cane è ansioso, cerca attenzione o si sente a disagio. Il ringhio può essere un segno di aggressività, ma può anche indicare giocosità se avviene durante un'interazione amichevole. Presta attenzione alla situazione e al linguaggio del corpo generale del tuo cane per interpretare accuratamente le sue vocalizzazioni.

Per comprendere il linguaggio del corpo e le vocalizzazioni del tuo pastore tedesco è necessario osservarlo in varie situazioni. Osserva come reagiscono a diversi stimoli, come incontrare nuove persone o incontrare altri cani. Prendi nota della postura del corpo, della posizione delle orecchie, del movimento della coda e delle espressioni facciali. Col tempo, inizierai a riconoscere i modelli e a capire cosa significa ciascun segnale per il tuo singolo cane.

Rispondere in modo appropriato al linguaggio del corpo del tuo pastore tedesco è fondamentale per creare fiducia e garantire il suo benessere. Se il tuo cane mostra segni di paura o ansia, come la coda piegata o le orecchie abbassate, prova a allontanarlo dalla situazione stressante o offrigli conforto e rassicurazione. Se il tuo cane mostra segni di aggressività, come una postura rigida o un ringhio, è importante mantenere la calma ed evitare di reagire in modo aggressivo. Usa invece il rinforzo positivo per reindirizzare il suo comportamento e creare un'associazione più positiva con la situazione.

Il rinforzo positivo è un potente strumento per incoraggiare comportamenti desiderabili e costruire un forte legame con il tuo pastore tedesco. Quando il tuo cane mostra un linguaggio del corpo calmo e rilassato, ricompensalo con dolcetti, lodi o giochi. Ciò rafforza l'idea che essere rilassati e calmi porta a risultati positivi. La coerenza è fondamentale per rafforzare i comportamenti desiderati, quindi assicurati di premiare il tuo cane ogni volta che mostra il comportamento che desideri incoraggiare.

Le sessioni di allenamento sono un'eccellente opportunità per osservare e comprendere il linguaggio del corpo del tuo pastore tedesco. Mentre lavori per insegnare loro nuovi comandi e abilità, presta attenzione alle loro reazioni e adatta il tuo approccio di conseguenza. Se il tuo cane sembra confuso o stressato, fai un passo indietro e semplifica il compito. Utilizza il rinforzo positivo per premiare i progressi e creare un'esperienza di apprendimento positiva.

La socializzazione è un altro aspetto importante per comprendere e rispondere al linguaggio del corpo del tuo pastore tedesco. Presentare il tuo cane a nuove persone, animali e ambienti lo aiuta a diventare più sicuro e ben adattato. Durante la socializzazione, osserva come il tuo cane interagisce con gli altri e intervieni se necessario per garantire esperienze positive. Esporre gradualmente il tuo cane a diverse situazioni in modo controllato lo aiuta a creare fiducia e riduce l'ansia.

Comprendere il linguaggio del corpo e le vocalizzazioni del tuo pastore tedesco è essenziale per una comunicazione efficace e per costruire una relazione forte e di fiducia. Osservando la coda, le orecchie, gli occhi, la bocca, la postura del corpo e le vocalizzazioni, puoi ottenere informazioni dettagliate sulle loro emozioni e bisogni. Rispondere in modo appropriato ai loro segnali, utilizzare rinforzi positivi e fornire formazione e socializzazione coerenti creano un ambiente positivo e di supporto per il tuo cane. Ciò approfondisce il tuo legame e garantisce un pastore tedesco felice, sano e ben adattato che si sente compreso e curato.

Incorporare il gioco e il divertimento nelle sessioni di allenamento

Incorporare il gioco e il divertimento nelle sessioni di addestramento è essenziale per creare un ambiente di apprendimento positivo e coinvolgente per i pastori tedeschi. Questi cani sono molto intelligenti, energici e prosperano grazie alla stimolazione fisica e mentale. Integrare il gioco nell'addestramento non solo rafforza le lezioni, ma rafforza anche il legame tra te e il tuo cane, rendendo il processo di addestramento piacevole per entrambi.

Uno dei principali vantaggi dell'incorporare il gioco nell'addestramento è che mantiene il tuo pastore tedesco motivato e interessato. I cani possono annoiarsi o frustrarsi con routine di addestramento ripetitive, ma l'introduzione di elementi giocosi può rendere le sessioni più dinamiche e divertenti. Ad esempio, usare il suo giocattolo preferito come ricompensa per aver completato un compito può rendere il cane desideroso di partecipare e imparare. Il recupero, il tiro alla fune e il nascondino sono giochi eccellenti che possono essere utilizzati come ricompensa durante l'allenamento.

I giochi interattivi sono particolarmente efficaci nel rafforzare comandi e comportamenti. Ad esempio, quando insegni il comando "vieni", puoi giocare a nascondino in cui chiami il tuo cane da diversi nascondigli. Questo non solo rafforza il comando, ma lo rende anche una sfida divertente ed emozionante per il tuo cane. Allo stesso modo, giocare al tiro alla fune può rafforzare il comando "lascialo cadere", poiché puoi chiedere periodicamente al tuo cane di rilasciare il giocattolo e poi ricompensarlo con più tempo di gioco.

L'addestramento all'agilità può anche essere un'attività ludica e benefica per i pastori tedeschi. Organizzare un semplice corso di agilità nel tuo giardino o in un parco locale consente al tuo cane di bruciare energie mentre impara a superare gli ostacoli. Questo tipo di allenamento migliora la forma fisica, la coordinazione e l'acutezza mentale. Può anche includere comandi di base come "seduto", "resta" e "salta", rendendolo un ottimo modo per rafforzare l'obbedienza in un ambiente divertente.

Incorporare il gioco nelle sessioni di formazione aiuta a creare associazioni positive con l'apprendimento. Quando l'addestramento è divertente, è più probabile che i cani siano partecipanti entusiasti. Il rinforzo positivo, come dolcetti e lodi, può essere combinato con il gioco per creare un'esperienza gratificante. Ad esempio, dopo aver completato con successo un comando, puoi immediatamente impegnarti in un gioco di recupero o offrire come ricompensa il tuo giocattolo preferito. Ciò rafforza l'idea che un buon comportamento porta a risultati divertenti e positivi.

Anche i giochi di allenamento che stimolano la mente del tuo pastore tedesco sono utili. I giocattoli puzzle e gli alimentatori interattivi possono essere utilizzati durante le sessioni di formazione per mettere alla prova le loro capacità di risoluzione dei problemi. Questi giocattoli richiedono che il tuo cane capisca come ottenere un dolcetto o un giocattolo manipolando il puzzle, cosa che lo mantiene mentalmente impegnato. Incorporare questi tipi di attività nella routine di allenamento aiuta a prevenire la noia e promuove l'agilità mentale.

Oltre al gioco strutturato, concedere del tempo per il gioco libero è importante per il benessere generale del tuo pastore tedesco. Il tempo di gioco non strutturato consente al tuo cane di esplorare, correre e giocare liberamente, il che è essenziale per la sua salute fisica e mentale. Questo tempo può essere utilizzato anche per esercitarsi nei comandi di richiamo e rafforzare l'addestramento in un contesto meno formale. Osservare il tuo cane durante il gioco libero può fornire informazioni sulle sue preferenze e sui suoi comportamenti naturali, che possono essere utili quando si progettano attività di addestramento.

Incorporare il gioco nelle sessioni di allenamento rafforza anche il legame tra te e il tuo pastore tedesco. Il tempo di gioco condiviso favorisce la fiducia, la comunicazione e il divertimento reciproco. I cani sono animali sociali e prosperano grazie alle interazioni positive con i loro proprietari. Impegnarsi insieme in attività divertenti crea una forte connessione emotiva e rende il tuo cane più reattivo all'addestramento. Le esperienze positive create durante il gioco si ripercuotono sull'addestramento, rendendo il tuo cane più disposto a collaborare e ad apprendere.

L'uso strategico dei giocattoli durante le sessioni di allenamento può migliorare la concentrazione e la motivazione. I giocattoli che il tuo cane ama possono essere usati come ricompense di alto valore per compiti o comandi difficili. Ad esempio, se il tuo pastore tedesco ha padroneggiato i comandi di base, puoi presentargli un giocattolo preferito per premiarlo per comportamenti più complessi. Ciò mantiene l'addestramento stimolante ed emozionante, poiché il tuo cane lavora per guadagnarsi il suo amato giocattolo.

È importante garantire che le sessioni di gioco e di allenamento siano equilibrate e non eccessivamente impegnative. I pastori tedeschi sono cani energici, ma hanno anche bisogno di tempo per riposarsi e riprendersi. Mantieni le sessioni di allenamento brevi e varie per mantenere vivo l'interesse del tuo cane e prevenire l'affaticamento. Pause frequenti per il gioco e il relax possono aiutare a mantenere il tuo cane motivato e pronto ad imparare.

Incorporare il gioco nelle sessioni di formazione offre anche opportunità di socializzazione. Giocare con altri cani in un ambiente controllato aiuta il tuo pastore tedesco ad apprendere comportamenti sociali appropriati e a migliorare le proprie abilità sociali. Le lezioni di addestramento di gruppo o gli appuntamenti di gioco con altri cani ben educati possono essere utili per la socializzazione e l'apprendimento. Queste interazioni insegnano al tuo cane come comportarsi con altri cani e persone, rendendolo più completo e sicuro di sé.

Ricorda che la pazienza e la coerenza sono fondamentali quando si integra il gioco nell'allenamento. Ogni cane è unico e alcuni potrebbero impiegare più tempo per apprendere nuovi comandi o comportamenti. Sii paziente e celebra le piccole vittorie lungo la strada. Un rinforzo positivo costante e un gioco coinvolgente alla fine porteranno a risultati formativi positivi.

Incorporare il gioco e il divertimento nelle sessioni di addestramento è una strategia molto efficace per insegnare ai pastori tedeschi nuovi comandi e comportamenti. Mantiene le sessioni di formazione dinamiche, coinvolgenti e divertenti, migliorando l'apprendimento e la motivazione. Il gioco rafforza il legame tra te e il tuo cane, promuove la forma fisica e mentale e crea associazioni positive con l'addestramento. Utilizzando giochi interattivi, giocattoli e rinforzi positivi, puoi creare un ambiente di addestramento che sia produttivo e divertente per il tuo pastore tedesco. Questo approccio non solo aiuta il tuo cane ad apprendere in modo efficace, ma garantisce anche che l'addestramento sia un'esperienza gratificante e arricchente per entrambi.

CAPITOLO 10

Considerazioni speciali per i pastori tedeschi

Cconsiderazioni sulle diverse fasi della vita

L'addestramento dei pastori tedeschi durante le loro diverse fasi della vita richiede un approccio su misura per soddisfare le loro esigenze e capacità in evoluzione. Ogni fase, dall'infanzia all'età adulta e agli anni da senior, presenta sfide e opportunità uniche di formazione e sviluppo.

Nella cucciolata, i pastori tedeschi sono pieni di energia, curiosità e un forte desiderio di esplorare l'ambiente circostante. Questo è il momento ideale per iniziare l'addestramento all'obbedienza di base e la socializzazione. I cuccioli hanno una capacità di attenzione breve, quindi le sessioni di addestramento dovrebbero essere brevi, divertenti e frequenti. Le tecniche di rinforzo positivo, come l'uso di dolcetti e lodi, sono molto efficaci. Concentrati sull'insegnamento dei comandi di base come "seduto", "resta" e "vieni" e assicurati che il cucciolo sia esposto a vari ambienti, persone e altri animali. La socializzazione è fondamentale durante questo periodo per prevenire problemi comportamentali in seguito. Presenta il tuo cucciolo a suoni, immagini ed esperienze diverse in modo controllato per rafforzare la sua sicurezza e la sua adattabilità.

Man mano che i pastori tedeschi passano all'età adulta, le loro capacità fisiche e mentali si espandono, consentendo un addestramento più avanzato. Questa è la fase in cui puoi introdurre comandi e attività più complessi, come l'addestramento all'agilità, l'obbedienza avanzata e persino alcuni compiti lavorativi come l'addestramento alla ricerca e salvataggio o alla protezione, se lo desideri. I pastori tedeschi adulti sono al massimo della loro condizione fisica, il che lo rende un momento perfetto per routine di esercizi rigorosi e compiti mentalmente stimolanti. Coerenza e comunicazione chiara sono fondamentali in questa fase, poiché i cani adulti beneficiano di un regime di addestramento strutturato. Incorpora un esercizio fisico regolare per mantenerli fisicamente in forma e mentalmente forti, nonché per incanalare la loro energia in modo produttivo.

Durante l'età adulta, è anche importante continuare la socializzazione e assicurarsi che il cane si senta a suo agio in vari contesti. Incontrare regolarmente altri cani e persone, partecipare a sport per cani ed esplorare nuovi ambienti aiuta a mantenere un cane ben adattato e felice. Questa fase è anche il momento per rafforzare e sviluppare le basi formative stabilite durante la cucciolata. I pastori tedeschi adulti prosperano grazie alla routine e alla prevedibilità, quindi è utile mantenere un programma di allenamento coerente.

Quando i pastori tedeschi entrano nella loro età avanzata, le loro capacità fisiche possono diminuire e potrebbero affrontare problemi di salute come l'artrite o una diminuzione della resistenza. L'allenamento dovrebbe essere adattato per accogliere questi cambiamenti fornendo comunque stimolazione mentale e attività fisica leggera. Concentrarsi sul mantenimento dei comandi e dei comportamenti appresi in precedenza nella vita, ma ridurre l'intensità e la durata delle sessioni di allenamento. Esercizi delicati come brevi passeggiate, giochi leggeri e giocattoli interattivi che incoraggiano l'impegno mentale sono eccellenti per i cani anziani. Le sessioni di allenamento dovrebbero essere più brevi e meno impegnative per prevenire affaticamento e disagio.

I pastori tedeschi anziani possono anche richiedere pause più frequenti e un ritmo più lento durante l'allenamento. È importante essere pazienti e comprendere i propri limiti, pur continuando a fornire opportunità di apprendimento e coinvolgimento. La stimolazione mentale è particolarmente importante per i cani anziani per prevenire il declino cognitivo. Puzzle, giochi di profumi e semplici compiti di obbedienza possono aiutare a mantenere la mente attiva e acuta.

In ogni fase della vita, è essenziale prestare attenzione alla salute e al benessere del tuo pastore tedesco. Controlli veterinari regolari sono fondamentali per monitorare la loro salute e affrontare eventuali problemi che potrebbero sorgere. Anche una dieta equilibrata adatta alla loro età e al livello di attività è importante per supportare la loro salute generale e il loro fabbisogno energetico.

Per tutta la vita, mantenere un forte legame con il tuo pastore tedesco è vitale per un addestramento di successo e una relazione felice. Rinforzo positivo, pazienza e costanza sono i pilastri di un allenamento efficace a qualsiasi età. Comprendere e rispondere alle mutevoli esigenze del tuo cane man mano che invecchia garantisce che rimanga sano, felice e ben educato.

L'addestramento dovrebbe sempre essere un'esperienza positiva e gratificante per il tuo pastore tedesco, indipendentemente dalla sua età. Adattando il tuo approccio alla fase della sua vita, puoi assicurarti che il tuo cane continui ad imparare e a prosperare per tutta la vita. Che si tratti di un cucciolo giocoso, di un adulto vigoroso o di un anziano saggio, ogni fase offre opportunità uniche per approfondire il vostro legame e migliorare la qualità della vita del vostro cane attraverso un addestramento attento e appropriato.

Formazione per ruoli lavorativi

L'addestramento dei pastori tedeschi per ruoli specializzati come la guardia, il lavoro di servizio o la terapia richiede un approccio dettagliato e strutturato su misura per ciascun ruolo specifico. Questi ruoli richiedono competenze e temperamenti diversi, quindi è importante comprendere le tecniche di formazione uniche e le considerazioni coinvolte.

Per i ruoli di guardia, i pastori tedeschi devono sviluppare forti istinti protettivi pur rimanendo obbedienti e controllabili. L'addestramento inizia con l'obbedienza di base per garantire che il cane risponda in modo affidabile ai comandi. Anche la socializzazione è fondamentale affinché il cane possa distinguere tra comportamento normale e sospetto. Una volta stabilite le basi, vengono introdotti esercizi di guardia specifici. Questi includono l'addestramento all'aggressività controllata, in cui il cane impara ad abbaiare o trattenere un intruso senza causare danni inutili se non comandato. L'addestramento deve essere bilanciato con la disciplina per garantire che il cane non diventi eccessivamente aggressivo. Scenari ed esercitazioni regolari aiutano a rafforzare queste abilità, assicurandosi che il cane possa gestire le situazioni della vita reale con calma ed efficacia.

Oltre alle sessioni di addestramento formale, l'ambiente in cui vive il cane dovrebbe supportare il suo ruolo di cane da guardia. Ciò include la definizione di aree designate in cui il cane può pattugliare e la pratica delle risposte alle intrusioni simulate. La coerenza è fondamentale, così come la capacità del conduttore di mantenere l'autorità e esigere rispetto dal cane. Rinforzo positivo, comandi chiari ed esercitazioni regolari aiutano a consolidare il ruolo e l'efficacia del cane come cane da guardia.

I cani guida, d'altra parte, richiedono una serie diversa di competenze focalizzate sull'assistenza e sul supporto. L'addestramento per i ruoli di servizio inizia in genere con l'obbedienza e la socializzazione per garantire che il cane si senta a suo agio in vari ambienti pubblici e possa rimanere concentrato nonostante le distrazioni. La formazione prosegue poi con esercizi specifici per compiti adattati alle esigenze dell'individuo che assisteranno. Ad esempio, un cane guida può imparare a recuperare oggetti, aprire porte, fornire supporto fisico o avvisare di condizioni mediche come convulsioni o bassi livelli di zucchero nel sangue.

L'addestramento del cane guida è altamente personalizzato e richiede una profonda comprensione dei compiti che il cane svolgerà. Il processo spesso include un addestramento ad accesso pubblico, in cui il cane impara a comportarsi in modo appropriato in diversi ambienti, come negozi, ristoranti e trasporti pubblici. Il cane deve essere calmo, ben educato e in grado di ignorare le distrazioni pur rimanendo attento ai bisogni del conduttore. L'addestramento prevede anche l'insegnamento al cane a riconoscere e rispondere a segnali o segnali specifici del conduttore, garantendo che il cane possa fornire un'assistenza affidabile e coerente.

I cani da terapia sono addestrati per fornire conforto e supporto alle persone negli ospedali, nelle case di cura, nelle scuole e in altri ambienti. L'obiettivo principale dell'addestramento del cane da terapia è il temperamento e la socializzazione. Questi cani devono essere eccezionalmente calmi, amichevoli e pazienti, in grado di interagire dolcemente con persone di tutte le età e condizioni. L'addestramento prevede l'esposizione del cane a una varietà di ambienti e situazioni per creare fiducia e garantire che si senta a suo agio attorno ad attrezzature mediche, sedie a rotelle e altri oggetti potenzialmente sconosciuti.

L'addestramento del cane da terapia include anche insegnare al cane a rimanere calmo e reattivo ai comandi del conduttore in diversi contesti. Questo addestramento riguarda meno compiti specifici e più la garanzia che il comportamento del cane sia prevedibile e confortante. Visite regolari a diversi ambienti aiutano a rafforzare le abilità sociali del cane e a garantire che rimanga calmo e amichevole in tutte le situazioni. Il rinforzo positivo viene ampiamente utilizzato per costruire un forte legame tra il cane e il suo conduttore, promuovendo un senso di sicurezza e fiducia.

Per tutti questi ruoli, il coinvolgimento dell'handler è fondamentale. Una formazione coerente, una comunicazione chiara e un rinforzo positivo sono componenti essenziali di una formazione di successo. Il conduttore deve essere paziente, attento e reattivo ai bisogni e ai progressi del cane. Costruire una relazione forte e di fiducia tra cane e conduttore è fondamentale per l'efficacia del cane nel suo ruolo specializzato.

Anche valutazioni regolari e formazione continua sono importanti per mantenere le capacità del cane e adattarsi a qualsiasi nuova sfida o esigenza. Questo processo continuo garantisce che il cane rimanga competente e reattivo per tutta la sua vita lavorativa. È anche importante monitorare la salute e il benessere del cane, fornendo riposo, esercizio fisico e cure mediche adeguati per garantire che rimangano in forma per i loro ruoli impegnativi.

Addestrare i pastori tedeschi per ruoli specializzati è un processo gratificante ma intenso che richiede dedizione, competenza e una profonda comprensione delle capacità e del temperamento del cane. Che servano come cane da guardia, cane da servizio o cane da terapia, questi ruoli evidenziano la versatilità e l'intelligenza dei pastori tedeschi, rendendoli compagni e aiutanti preziosi in vari aspetti della vita umana. Seguendo metodi di formazione strutturati e mantenendo un forte legame, gli addestratori possono garantire che i loro pastori tedeschi eccellano nei loro ruoli specializzati, fornendo sicurezza, supporto e conforto a coloro che servono.

Mantenimento e rinforzo della formazione a lungo termine

Mantenere e rafforzare la formazione per tutta la vita di un pastore tedesco è fondamentale per garantire la sua continua obbedienza, stimolazione mentale e benessere generale. I pastori tedeschi sono cani intelligenti e attivi che prosperano nell'apprendimento e nelle sfide mentali, quindi una formazione continua aiuta a mantenerli impegnati e ben educati.

Per cominciare, la coerenza nell'allenamento è essenziale. Anche dopo che il tuo pastore tedesco ha imparato i comandi di base e avanzati, è importante esercitarsi regolarmente su questi comandi per rafforzare il suo apprendimento. Ciò non significa sessioni di allenamento lunghe e intense ogni giorno, ma incorporare sessioni di pratica brevi e frequenti nella routine quotidiana. Ad esempio, puoi chiedere al tuo cane di sedersi, restare o venire durante le attività quotidiane come l'ora del pasto, le passeggiate o il gioco. Ciò aiuta a mantenere i comandi freschi nella loro mente e garantisce che rimangano reattivi ai tuoi segnali.

Oltre ai comandi di base, introdurre periodicamente nuove abilità e trucchi può fornire stimolazione mentale e prevenire la noia. Ai pastori tedeschi piace imparare cose nuove e insegnare loro nuovi trucchi può essere un modo divertente per legare e mantenere la mente acuta. Che si tratti di imparare a recuperare oggetti specifici, percorrere percorsi a ostacoli o eseguire acrobazie complesse come fingere di essere morti, queste nuove sfide aiutano a mantenere la loro formazione dinamica e coinvolgente.

La stimolazione mentale è importante tanto quanto l'esercizio fisico per i pastori tedeschi. Giocattoli interattivi e puzzle possono essere utilizzati per mettere alla prova le loro capacità di risoluzione dei problemi. I giocattoli per la distribuzione del cibo, ad esempio, possono tenere il tuo cane occupato e stimolato mentalmente mentre lavora per far uscire i dolcetti. Cambiare regolarmente il tipo di giocattoli e puzzle aiuta a mantenere vivo il loro interesse e impedisce che diventino troppo prevedibili o facili.

La socializzazione dovrebbe continuare anche per tutta la vita del tuo pastore tedesco. L'esposizione regolare a diversi ambienti, persone e altri animali aiuta a mantenere le loro capacità sociali e adattabilità. Le visite regolari ai parchi per cani, le passeggiate in nuovi quartieri e gli appuntamenti di gioco con altri cani possono fornire preziose interazioni sociali. Garantire che queste esperienze siano positive e controllate aiuta a rafforzare il buon comportamento e previene l'ansia o l'aggressività.

Il rinforzo positivo rimane un principio fondamentale nel mantenimento della formazione. Premiare i comportamenti desiderati con dolcetti, lodi e affetto rafforza la connessione tra il comportamento e il risultato positivo. Usare costantemente il rinforzo positivo aiuta a mantenere l'entusiasmo del tuo cane per l'addestramento e lo incoraggia a ripetere i comportamenti che desideri. È importante essere pazienti e coerenti con le ricompense, poiché i pastori tedeschi rispondono bene a feedback chiari e coerenti.

Le sessioni di addestramento regolari dovrebbero essere adattate alla fase di vita e alle capacità fisiche del tuo cane. Per i cuccioli, le sessioni di addestramento possono essere più brevi e più frequenti per adattarsi alla loro capacità di attenzione più breve. Per i cani adulti, le sessioni possono essere più lunghe e impegnative, mentre i cani anziani potrebbero trarre beneficio da sessioni più delicate e più brevi che tengano conto dei loro limiti fisici. La regolazione dell'intensità e della durata dell'allenamento garantisce che rimanga divertente ed efficace in ogni fase della vita del tuo cane.

L'esercizio fisico è vitale per mantenere la salute e il benessere di un pastore tedesco. Passeggiate, corse e sessioni di gioco regolari aiutano a bruciare l'energia in eccesso e a mantenere il cane in forma. Integrare la formazione in queste attività può essere molto efficace. Ad esempio, praticare i comandi di richiamo durante il gioco senza guinzaglio o utilizzare corsi di agilità durante le passeggiate può combinare l'esercizio fisico con la stimolazione mentale.

Anche i controlli di routine con un veterinario sono importanti per monitorare la salute del tuo pastore tedesco e affrontare eventuali problemi che potrebbero influire sulla sua formazione. Valutazioni sanitarie regolari assicurano che il tuo cane rimanga fisicamente in grado di partecipare alle attività di addestramento e aiutano a identificare eventuali condizioni che potrebbero richiedere aggiustamenti alla sua routine.

È anche utile tenere un diario di addestramento per tenere traccia dei progressi del tuo cane e di eventuali cambiamenti nel comportamento. Questo può aiutarti a identificare modelli, aree in cui il tuo cane eccelle e aree che potrebbero richiedere maggiore attenzione. Documentare le sessioni di formazione e i progressi può fornire informazioni preziose e aiutarti ad adattare le strategie di formazione secondo necessità.

Corsi di formazione e workshop possono offrire nuove sfide e opportunità di apprendimento sia per te che per il tuo cane. Lezioni di obbedienza avanzate, corsi di agilità o workshop specializzati come il lavoro sui profumi possono fornire nuove competenze e mantenere l'allenamento entusiasmante. Queste classi offrono anche un ambiente strutturato per l'apprendimento e la socializzazione.

Mantenere un forte legame con il tuo pastore tedesco è la chiave per un addestramento di successo a lungo termine. Trascorrere del tempo di qualità insieme, impegnarsi nel gioco e mostrare affetto contribuisce a creare una relazione positiva che rende la formazione più efficace. Un forte legame costruito sulla fiducia e sul rispetto reciproco incoraggia il tuo cane a essere più reattivo e desideroso di imparare.

È importante rimanere flessibili e aperti ad adattare i tuoi metodi di allenamento secondo necessità. Ogni cane è unico e ciò che funziona per un cane potrebbe non funzionare per un altro. Essere attento e reattivo alle esigenze, alle preferenze e ai progressi del tuo cane garantisce che il tuo addestramento rimanga efficace e divertente per entrambi.

Praticando costantemente i comandi, introducendo nuove sfide, fornendo stimolazione mentale e mantenendo un approccio positivo e flessibile, puoi assicurarti che il tuo pastore tedesco rimanga ben addestrato, felice e sano per tutta la vita. Questo impegno costante nell'addestramento non solo migliora la qualità della vita del tuo cane, ma rafforza anche il legame che condividete, rendendo il tempo trascorso insieme ancora più gratificante.

CONCLUSIONE

Addestrare un pastore tedesco è un viaggio che dura tutta la vita pieno di gioia, sfide e innumerevoli ricompense. Il legame che costruisci con il tuo cane attraverso l'addestramento è incredibilmente speciale, favorendo la fiducia reciproca, la comprensione e la profonda compagnia. Abbracciare questo processo continuo non solo si traduce in un cane ben educato e obbediente, ma migliora anche in modo significativo il benessere generale e la felicità del tuo cane.

Il viaggio non termina con la padronanza dei comandi di base o la risoluzione di problemi comportamentali comuni. Invece, si evolve con nuove opportunità di apprendimento e crescita. I pastori tedeschi sono intelligenti, energici e desiderosi di compiacere, il che li rende studenti eccellenti per la formazione continua. Introdurre regolarmente nuove abilità, trucchi e attività mantiene la loro mente acuta e il loro morale alto.

Che si tratti di imparare un nuovo trucco, partecipare a sport canini o impegnarsi in lavori sull'olfatto, ogni nuova sfida arricchisce la vita del tuo cane e rafforza il tuo legame.

Coerenza e pazienza sono elementi chiave in questo viaggio. Anche quando il tuo cane invecchia, rivisitare e rafforzare i comandi appresi in precedenza garantisce che rimanga ben educato e reattivo. Sessioni di allenamento brevi e frequenti, perfettamente integrate nella tua routine quotidiana, possono fare una differenza significativa. Queste sessioni non devono essere intensive; anche pochi minuti di pratica ogni giorno possono dare risultati notevoli nel tempo.

Il rinforzo positivo rimane una pietra angolare di una formazione efficace. Premiare il tuo cane con dolcetti, lodi e affetto per un buon comportamento lo incoraggia a ripetere quelle azioni. Questo approccio non solo rafforza i comportamenti desiderati, ma crea anche un'associazione positiva con l'addestramento, rendendolo un'esperienza piacevole per il tuo cane. È essenziale mantenere un approccio coerente e paziente, riconoscendo che ogni cane impara al proprio ritmo.

La stimolazione mentale è altrettanto importante quanto l'esercizio fisico per i pastori tedeschi. Fornire al tuo cane puzzle, giochi interattivi e nuove opportunità di apprendimento mantiene la sua mente attiva e impegnata. Queste attività possono prevenire la noia, ridurre i comportamenti distruttivi e contribuire al benessere mentale generale. La rotazione regolare dei giocattoli e l'introduzione di nuove sfide assicurano che il tuo cane rimanga interessato e stimolato mentalmente.

La socializzazione dovrebbe continuare per tutta la vita del tuo cane. Esporre il tuo pastore tedesco a vari ambienti, persone e altri animali aiuta a mantenere le sue capacità sociali e la sua adattabilità. Le interazioni sociali positive contribuiscono a creare un cane a tutto tondo e sicuro di sé. Visite regolari a nuovi posti, interazioni con cani diversi e incontri con nuove persone possono aiutare a rafforzare un buon comportamento sociale.

La salute fisica gioca un ruolo cruciale nella capacità del tuo cane di impegnarsi nell'addestramento e nelle attività. È fondamentale garantire che il tuo pastore tedesco faccia un esercizio adeguato attraverso passeggiate, corse e sessioni di gioco. Un cane fisicamente in forma ha maggiori probabilità di essere concentrato e reattivo durante l'allenamento. Inoltre, controlli veterinari regolari assicurano che eventuali problemi di salute vengano affrontati tempestivamente, consentendo al tuo cane di partecipare pienamente alle attività di addestramento.

Mantenere un forte legame con il tuo pastore tedesco è fondamentale per un addestramento di successo. Trascorrere del tempo di qualità insieme, impegnarsi nel gioco e mostrare affetto rafforza la vostra relazione e rende il vostro cane più desideroso di imparare. Un forte legame costruito sulla fiducia e sul rispetto reciproco incoraggia il tuo cane a essere più reattivo ai tuoi segnali e più disposto a partecipare alle sessioni di addestramento.

È essenziale adattare i metodi di addestramento alla fase di vita del tuo cane e alle esigenze individuali. Cuccioli, cani adulti e cani anziani hanno capacità fisiche e cognitive diverse. Adattare il tuo approccio formativo all'età e alla salute del tuo cane garantisce che l'addestramento rimanga efficace e divertente. Ad esempio, i cuccioli traggono beneficio da sessioni di addestramento brevi e giocose, mentre i cani anziani potrebbero aver bisogno di esercizi più delicati che tengano conto dei loro limiti fisici.

Corsi di formazione e workshop possono offrire nuove opportunità di apprendimento e sfide sia per te che per il tuo cane. Partecipare a corsi di obbedienza avanzati, corsi di agilità o seminari specializzati come il lavoro sui profumi può introdurre nuove abilità e mantenere l'allenamento entusiasmante. Queste lezioni offrono anche un ambiente strutturato per l'apprendimento e la socializzazione, fornendo esperienze preziose per il tuo cane.

Documentare i progressi della tua formazione in un diario può fornire informazioni preziose e aiutarti a monitorare lo sviluppo del tuo cane. Registrare le sessioni di formazione, annotare i successi e identificare le aree che necessitano di miglioramento può guidare la tua strategia di formazione. Un diario di addestramento ti consente anche di celebrare i traguardi e vedere quanto lontano sei arrivato tu e il tuo cane nel vostro viaggio insieme.

La flessibilità nel tuo approccio formativo è importante. Ogni cane è unico e ciò che funziona per uno potrebbe non funzionare per un altro. Essere attento e reattivo alle esigenze, alle preferenze e ai progressi del tuo cane garantisce che l'addestramento rimanga efficace e divertente. Adattare i tuoi metodi in base al feedback del tuo cane aiuta a creare un'esperienza di addestramento positiva e di successo.

Addestrare un pastore tedesco è un'esperienza gratificante e appagante che richiede dedizione, costanza e un atteggiamento positivo. I benefici permanenti dell'addestramento includono un cane ben educato, obbediente e felice che gode di una vita ricca e appagante. Abbracciando la natura continua dell'addestramento, fornendo stimolazione mentale e fisica e mantenendo un forte legame, puoi assicurarti che il tuo pastore tedesco prosperi per tutta la vita. Questo viaggio non solo migliora la qualità della vita del tuo cane, ma rafforza anche l'incredibile legame che condividete, rendendo ogni momento insieme ancora più significativo.

www.ingramcontent.com/pod-product-compliance
Lightning Source LLC
Chambersburg PA
CBHW071914210526
45479CB00002B/411